# HISTOIRE

# DU POIRIER.

PARIS. — IMPRIMÉ PAR E. THUNOT ET Cᵉ,
rue Racine, 28, près de l'Odéon.

# HISTOIRE

# DU POIRIER

(*PYRUS SYLVESTRIS*),

PAR M. DUVAL,

JARDINIER A LA FERME DU HAUT-CHAVILLE,

*Près Viroflay et Meudon.*

PARIS.

A LA LIBRAIRIE ENCYCLOPÉDIQUE DE RORET,

RUE HAUTEFEUILLE, 10 BIS.

1849

# HISTOIRE

# DU POIRIER

## (*PYRUS SILVESTRIS*),

**PAR M. DUVAL,**

Jardinier à la ferme de Haut-Chaville, près Viroflay et Meudon.

(Extrait de *l'Agriculteur Praticien.*) (1)

Le poirier (*Pyrus silvestris*) est un grand et bel arbre bien connu des cultivateurs, et qui s'élève quelquefois à la hauteur de 20 à 25 mètres; il est robuste, d'une nature extrêmement vivace, très-sodide sur son pied, qui est composé de racines très-fortes, les unes pivotantes s'enfonçant à une grande profondeur, les autres horizontales s'étendant au loin à peu de distance de la superficie du sol, où elles forment une masse compacte de ramifications très-chevelues; les branches sont verticales dans quelques individus, chez d'autres elles forment une tête régulière, les unes étant droites et les autres horizontales, et quelquefois pendantes jusqu'à terre; dans ces deux cas elles constituent une tête d'un volume considérable. La tige de cet arbre est douée d'une très-grande force qui lui permet de résister aux efforts des vents; il n'est pas rare d'en rencontrer de 0m.60 à 1 mètre de diamètre, lorsque par le hasard il n'a pas été maltraité par les animaux ou les hommes, car dans le voisinage des habitations et pendant une période aussi longue que celle de la vie d'un végétal comme celui-ci, il est rare qu'il ne lui arrive pas quelque catastrophe funeste. Le poirier fait partie de la douzième classe des végétaux de Linné, et des rosacées de Tournefort et de Jussieu. On le distingue facilement dans les vergers par son feuillage d'un beau vert et ses charmantes fleurs blanches composées d'un calice à cinq divisions, d'une corolle composée de cinq ou six pétales, quelquefois de dix ou douze, selon les variétés, une vingtaine d'étamines à anthères rouges portées sur des pédoncules plus ou moins longs. Le fruit est ordinairement à cinq loges, mais souvent il en a six, chaque loge renfermant depuis une jusqu'à trois semences que l'on nomme vulgairement pepins; quelquefois aussi les loges ne contiennent rien. Il y a beaucoup de variétés de poires qu'on peut distinguer à la forme des pepins.

Cet arbre est ordinairement très-fécond; quand sa floraison s'opère par un temps favorable, c'est un fort joli coup d'œil de voir une aussi grande quantité de fleurs, mais malheureusement il ne faut qu'une seule nuit de gelée tardive pour perdre la récolte d'une année.

(1) Journal mensuel d'agriculture et d'horticulture, rédigé par des praticiens, 6 fr. par an, chez M. Roret, éditeur, 10 bis, rue Hautefeuille, à Paris.

Le bois du poirier est un excellent chauffage lorsqu'il a été séché à l'air libre, mais il ne peut être brûlé que la deuxième année, car il est si compacte qu'il sèche lentement. On peut aussi l'employer dans la menuiserie à la fabrique de différents meubles et à faire des manches d'outils.

Cet arbre se trouve répandu dans toutes nos forêts. C'est là que souvent les habitants vont les chercher pour les transplanter chez eux ; mais ses progrès sont bien lents dans les premières années, et il n'en peut être autrement, un arbre à racines pivotantes déplanté par des individus qui n'y entendent rien, qui échorchent, mutilent, suppriment au moins les trois quarts de ses racines et la majeure partie de ses branches, un tel arbre ne peut guère prospérer la première année, un tel arbre, dis-je, élevé et habitué à l'ombre des autres arbres, et transporté immédiatement en plein air, exposé à l'ardeur du soleil, doit certainement se trouver mal à l'aise, et quelque robuste que soit sa nature, il faut bien lui donner le temps de se refaire de nouvelles racines avant de pouvoir le greffer avec avantage. Je suppose, ce qui n'arrive pas toujours, que l'arbre ait été planté avec toutes les précautions et les soins possibles, il a besoin toujours d'une année au moins pour s'attacher au sol. Si on le greffe au printemps qui suit, les greffes reprendront, mais auront une faible végétation; il faut donc attendre une deuxième année; mais comme l'opération devra avoir lieu au mois de mars, l'arbre aura eu deux hivers et un été pour s'enraciner, conséquemment il aura acquis plus de force pour supporter l'opération de la greffe qui consiste à lui retrancher la tête et lui en substituer une autre d'une variété analogue, au gré du propriétaire. Cette opération violente, mais nécessaire, a encore pour résultat, momentané il est vrai, de refouler la sève vers les racines et de suspendre la végétation pendant plus ou moins de temps, suivant que la saison est plus ou moins favorable; aussi voit-on quelquefois des arbres opérés par d'habiles greffeurs, dont la végétation se trouve suspendue pendant plusieurs mois, puis lorsque la saison le permet, les greffes entrent en végétation et poussent avec une grande vigueur le reste de l'été. L'année 1845 a été dans ce cas.

Quoique dans les forêts il se rencontre quelquefois des espèces ou variétés de poires plus ou moins intéressantes, provenues de graines des sauvageons ordinaires, il n'est pas moins vrai que les fruits des poiriers dits sauvages sont fort petits, et ce n'est que fort rarement que la nature nous gratifie de quelques-unes de ces variétés dont les cultivateurs ont su tirer un si bon parti en les multipliant par la greffe. Dans les villages qui sont voisins des grandes forêts les habitants vont à la recherche des fruits du poirier sauvage, avec lesquels ils préparent une boisson fort agréable qui vaut quelquefois le meilleur poiré de Normandie, mais seulement dans les années assez abondantes, qui ont été favorables à la floraison. Ce n'est que dans les parties que l'on nomme réserves ou hautes futaies que se rencontrent des arbres assez forts pour donner des fruits, car dans les coupes réglées ils n'ont pas le temps d'acquérir l'âge nécessaire.

Les naturalistes, les hommes qui s'occupent sérieusement d'horticulture, ou pour mieux dire d'arboriculture, ne peuvent pas fixer le terme de la vie du poirier, ni les dimensions qu'il peut acquérir. Si lorsque l'on exploite une partie de forêt soit réserve ou autre, on conservait quelques-uns de ces arbres si utiles, si intéressants, en les portant sur les registres comme on fait pour les arbres forestiers, on pourrait apprendre combien de siècles peut vivre un poirier abandonné à lui-même dans le sol qui l'a vu naître. Là il ne serait pas exposé aux mutilations et mauvais traitements comme ceux qui sont voisins de la société des hommes, on pourrait au moins le voir dans son état naturel; si nous possédons quelques forts individus, ce n'est que dans des propriétés particulières où ils sont moins exposés à éprouver à chaque instant quelque mauvais traitement qui entrave toujours la marche de la nature. Je regarde comme une calamité la destruction d'une aussi grande quantité de poiriers sauvages qui n'ont pas encore donné de fruits; il est très-probable que parmi ceux-ci on aurait rencontré quelque variété méritante soit comme poire à cidre, soit à couteau; notre Saint-Germain et notre Colmar d'hiver qui sont, comme on sait, deux délicieuses poires, n'ont pas d'autre origine, la plupart de nos meilleures poires à cidre ont été obtenues de cette manière.

Il existe dans nos départements beaucoup de variétés de poires soit à cidre, soit à couteau, qui ne sont connues que dans les cantons qui les ont vues naître, même dans des endroits très-rapprochés de la capitale : telles sont à Nauphle-le-Château et environs, la poire dite de roi; à Lagny et environs, la poire de Sauge; aux environs de Senlis, la poire de Caloët. Ces fruits sont cependant transportés et vendus sur les marchés de Paris, la consommation s'en fait sans qu'on en sache le nom. Cette poire de Caloët ou Caillot d'hiver est bien ancienne, puisqu'elle est portée sur le catalogue des espèces que La Quintinie cultivait à Versailles sous le roi Louis XIV. J'en connais un individu très-ancien qui existe dans un petit village nommé Fontaine-les-Carmes, près de Senlis; son fruit est bien pyriforme, de couleur gris roux, jaunissant un peu en mûrissant, à chair fondante, abondante en eau, fort agréable et à peu près de la grosseur de la verte longue.

Si l'on eût conservé, ainsi que je viens de le dire, quelques poiriers çà et là dans les forêts, en supposant que les gardes forestiers empêchassent les malheureux d'aller à la recherche de ces fruits, on n'aurait pas pu surveiller les pies, les geais, les corbeaux, les merles et les grives qui s'en nourrissent lorsqu'ils en rencontrent, et qui les auraient ressemés dans tous les environs, et dans ce cas auraient rendu un service à l'agriculture, puisqu'il y aurait des cantons entiers où l'on verrait les poiriers en grande quantité, ou bien quelques individus rares et placés à d'assez grandes distances. Heureusement que les horticulteurs pépiniéristes sèment beaucoup et peuvent largement fournir aux plantations qui se font chaque année. Je citerai encore la poire de Contrau ou de Saint-Gilles que l'on cultive à la Selle, à Bougival, etc., et qui mûrit en août. Saint-Germain, Versailles et Paris ont bientôt débarrassé les cultivateurs de leurs produits, tandis que dans les jardins des riches et chez les pépiniéristes on ne connaît pas cette variété.

Les propriétaires qui cultivent pour faire du cidre ont raison de greffer toujours les plus gros fruits et en même temps les plus acerbes; quelques-uns, plus insouciants, plantent simplement des sauvageons, puis tout est fini; ils reçoivent ce que ces arbres-là veulent bien leur donner. Le plus souvent ce sont de petits fruits ressemblant pour la grosseur au petit blanquet ou bien au petit muscat ou hâtiveau; cependant il me semble qu'il serait plus avantageux de faire greffer des fruits d'une certaine grosseur, tels que le carisis de Raguenet ou autres; mais on calcule souvent sur la dépense, car il faut que le greffeur soit payé. L'année de la greffe est une année de retard, puis s'il en manque, comme cela arrive trop souvent, tout cela est une contrariété, et on préfère conserver ses arbres tels qu'ils sont; mais il y a toujours un moyen de s'entendre. Lorsque des sauvageons ont été soigneusement plantés, ils doivent être solidement attachés à leur deuxième année, et en choisisssant un greffeur bien entendu dans son art, il ne doit pas en manquer quatre par cent. Un bon greffeur ne voudra pas travailler à la journée, mais il greffera à tant du cent ou du mille et à la pousse, c'est-à-dire que le propriétaire n'est pas tenu de payer celles qui, par hasard, ne pousseraient pas; mais il n'y a pas de risque à courir pour celui-ci, car quand un homme a l'habitude de son art, il manque fort peu de greffes, et il faut qu'un sujet ou sauvageon soit bien faible si l'on ne peut pas placer deux greffes soit en fente ou autrement. Je suppose que par un accident imprévu il en périsse une, celle qui restera attirera à elle toute la sève et suffira; mais il y a des sujets sur lesquels on peut facilement en placer trois, ainsi la réussite est assurée; la chose essentielle est d'avoir affaire à un homme qui soit bon praticien; il en est de la greffe comme de la plantation, un bon jardinier répond de ses plantations et les garantit; un bon greffeur pose une greffe avec autant d'assurance qu'un maraîcher plante une salade ou un chou, car la greffe est aussi une plantation, avec cette différence que c'est une plantation aérienne, tandis que l'autre se fait dans la terre; cette greffe ne peut émettre de racines parce qu'elle est trop élevée; mais si elle était raz de terre, au moyen d'une petite butte que l'on ferait autour du sujet et au moyen de quelques petits soins, comme de donner quelques arrosements et empêcher l'herbe de croître à l'entour, nul doute que de la soudure de cette greffe il ne sortît des racines; et si elle était faite tout à fait en terre qu'elle n'émît naturellement des racines.

J'ai vu à Méri, village près Pontoise, dans la propriété de M. Molé de Champlâtreux, un poirier énorme qui servait de refuge à tous les ouvriers des environs. Lorsqu'il pleuvait deux cents personnes se seraient bien abritées sous le contour de ses branches; il fallait une pluie continuelle pour percer l'épaisseur de ses branches et de son feuillage, sa tête était si régulière que les feuilles, disposées par recouvrement à la manière des tuiles, rejetaient l'eau autour de l'arbre et qu'il n'en tombait pas dessous ; il était seul au milieu d'une grande pièce de terre ; on le nommait *le poirier d'étrangle*, et, en effet ,il n'était pas possible de manger de ses fruits avant qu'ils fussent tout à fait murs, alors ils étaient bons et avaient le goût de la crassane, à laquelle ils ressemblaient totalement pour la grosseur et la forme. Les branches descendaient jusqu'à terre ; il était si épais et si élevé qu'un homme paraissait un enfant lorsqu'on faisait la récolte. J'ai toujours vu avec un extrême regret abattre à coups de gaule d'aussi beaux fruits.

Ce sont des fruits semblables que j'aimerais voir multiplier pour faire des boissons, tandis qu'on rencontre souvent des vergers garnis de quantité d'arbres, mais qui n'ayant jamais été greffés produisent des fruits de peu de mérite.

Le *Bon Jardinier*, édition de 1829, page 330, dit que si l'on se servait pour semis, de pepins provenus d'arbres entièrement sauvages, les sujets seraient forts, vigoureux et vivraient des siècles ; mais les fruits que l'on grefferait dessus seraient moins beaux, et que leur saveur se ressentirait plus ou moins de celle des fruits du sujets, aussi ne greffe-t-on guère sur sauvageon que les fruits à poiré ou à cuire. Je suis loin de partager l'avis du savant rédacteur, et la répugnance qu'il montre ne me paraît pas justifiée, car pour avancer un fait comme celui-là il faudrait posséder des moyens de comparaison, il faudrait avoir une plantation faite avec des sauvageons ou poiriers tout à fait sauvages, et une autre plantation avec des sujets provenus d'arbres greffés pour poire ; que ces deux plantations fussent placées à peu près dans un terrain dont la qualité fût la même, ainsi que la position plus ou moins aérée, ni plus secs ni plus humides l'un que l'autre ; que les arbres fussent en plein rapport ; alors on pourrait comparer et s'assurer si ce que nous dit le *Bon Jardinier* est admissible ; mais ceci n'est pas l'affaire d'une année, et je ne sache pas qu'aucun propriétaire ait encore tenté une expérience de ce genre.

Je connais un espalier de poiriers assez considérable qui existe dans la propriété de M. Dode, ancien pair de France, à Aubonne, vallée de Montmorency ; il a été planté par M. Goupi, architecte, qui a bâti le Palais-Bourbon, il y a bien 80 ans ; les arbres existent encore et rapportent toujours de beaux fruits ; ils sont tous greffés sur franc, celui qui a semé les pepins n'a sûrement pas choisi des graines provenant d'arbres greffés pour poire ; cependant je puis affirmer qu'avec mon père, qui était jardinier en 1798, j'ai cueilli sur ces arbres les plus beaux fruits que j'aie vus de ma vie. Voici, du reste, les variétés dont je me rappelle : Epargne, Cuisse-madame, Crassane, Bon-chrétien d'été, Bon-chrétien d'hiver, Doyenné ordinaire et Beurré. A l'époque où ces arbres ont été semés et plantés, la science du jardinage était, pour ainsi dire, stationnaire, on ne s'occupait guère des poiriers greffés pour faire du poiré ; ce n'est guère que depuis une cinquantaine d'années que l'agriculture et l'horticulture ont fait de rapides progrès.

Quoique le *Pyrus silvestris* soit le type de tous nos poiriers dont on s'est toujours servi pour multiplier les variétés de fruits obtenus à diverses époque, quoiqu'il en soit le sujet par excellence, on peut également greffer sur des sujets obtenus de graines de diverses variétés, soit à cidre, soit à couteau ; les greffes, de quelque manière qu'on opère, réussissent presque toujours.

Ce ne sont pas les sujets qui influent sur la saveur des fruits ni sur leur plus ou moins de beauté ou grosseur, mais bien les diverses qualités du terrain dans lesquelles les arbres sont plantés, et souvent aussi les mauvais soins qu'ils reçoivent des cultivateurs. Plusieurs causes aussi empêchent les fruits d'acquérir toutes leurs qualités. Quelquefois des positions peu avantageuses, des froids trop prolongés les durcissent, des pluies continuelles les font fendiller, comme dans l'année 1845. Le sujet agit sur la greffe, en ce sens que s'il est malade la greffe souffre aussi, et il n'en saurait être autrement, puisque la greffe tire la plus grande partie de sa substance du sujet qui a plus ou moins de vigueur ; il y a cependant des personnes qui ont grand soin de recommander de ne couper des greffes que sur des sujets très-sains et vigoureux, dans la crainte que la maladie, dont ils seraient autrement affectés, ne se communique aux sujets sur lesquels elles seraient implantées ; je prie ces horticulteurs de se rassurer à cet égard ; car, pour peu qu'on soit familiarisé avec la physiologie végétale, on peut concevoir que la greffe recevant tout du sujet et ne lui donnant rien, il ne peut résulter aucun inconvénient d'une greffe malade placée sur un sujet en bonne santé ; ce serait tout le contraire si c'était le sujet qui fût malade, la greffe le serait aussi, et si le sujet périt tout est mort.

Lorsqu'un arbre est souffrant, il ne faut pas chercher la maladie ailleurs que dans les racines, mais il faut une cause bien grave pour que le poirier franc soit malade. Il arrive cependant quelquefois qu'une plantation ayant été mal exécutée, on s'en aperçoit au bout de peu d'années à la couleur jaune du feuillage ; les trous sont peut-être creusés dans un tuf que les racines ne peuvent pénétrer, ou bien les arbres peuvent être plantés trop bas ; car, en général, lorsqu'on plante un arbre de quelque espèce que ce soit, il vaut toujours mieux planter trop haut que plus bas; plus les racines sont près de la superficie du sol, plus elles jouissent de la chaleur bienfaisante du soleil et de l'humidité des pluies. Si l'on craint que le vent n'ébranle les arbres, on fait une butte autour de leurs pieds assez forte pour les assurer; la couche de terre végétale n'aurait que huit ou dix pouces d'épaisseur, que cela suffirait pour que les racines prissent une grande extension ; tandis que si elles étaient enfoncées plus profondément elles ne pourraient pas remplir leurs fonctions. Quand on fait de grandes plantations on rencontre quelquefois de graves difficultés ; le terrain n'est pas le même partout; alors il faut, autant qu'il est possible, vaincre les obstacles ou ne pas se charger de l'opération.

Pour prouver que l'influence du sujet a des limites relativement à la greffe, je citerai cet exemple, savoir que si on pose une branche de coignassier sur un poirier franc ou égrin, il ne fera jamais un grand arbre, et restera toujours coignassier ; qu'il vivra, prendra du sujet la sève nécessaire à son existence, mais ne franchira pas les bornes imposées par la nature à son égard.

Si nous greffons le pommier paradis sauvage sur un égrin pommier, il végétera bien, mais il restera toujours nain.

Si nous greffons le pêcher nain sur un amandier, il restera toujours nain. Vous aurez beau greffer un rosier pompon sur un rosier blanc, la greffe fleurira, vivra, mais ne donnera pas de fleurs blanches. Malgré tous nos efforts la nature a des lois dont il n'est pas facile de l'écarter; elle nous domine quelquefois sans que nous nous en apercevions ; et je citerai à cet égard un exemple que j'ai observé de la tendance du poirier pour retourner à son type primitif. J'étais alors jardinier de M. le duc de Valmy, à son domaine de Fontaine-les-Cornus, près Senlis; un carré du jardin potager était entouré de forts beaux poiriers éventails ; sur l'un des côtés existait une allée, et tout près un glacis assez rapide. Il paraît qu'à mesure que les terres descendaient du glacis, mon prédécesseur les poussait sur la plate-bande, au point que les greffes des poiriers en étaient tout à fait couvertes. Ces poiriers poussaient avec une vigueur étonnante, quoique donnant beaucoup de fruits ; l'un d'eux était de la variété dite sanguinole, fruit rond, de moyenne grosseur, dont la chair est rouge, mais de médiocre qualité : je me décidai à le supprimer pour faire un peu de place, et afin de donner un peu d'air aux autres ; ces arbres étaient tous greffés sur coignassier. Quand je voulus arracher mon arbre, je ne fus pas peu surpris de ne lui trouver qu'une seule forte racine accompagnée de quelques-unes beaucoup plus faibles ; cette racine était sortie de la greffe à environ 25 centimètres de la superficie du sol, et traversant l'allée de $1^{m},50$ de large, et la plate-bande de 1 mètre, était allée prendre sa nourriture dans le glacis. Ainsi cet arbre, d'une étendue de 4 mètres sur $2^{m},50$ de hauteur, était alimenté par une seule racine ; celles du sujet coignassier étaient encore vivantes, mais ne fonctionnaient plus. J'ai gardé longtemps cet arbre comme une curiosité. Ceci me donna l'idée de visiter les autres, qui étaient des Saint-Germain ; tous étaient également affranchis, et avaient tous quitté leurs sujets coignassiers pour vivre plus à leur aise. On me demandera peut-être pourquoi ces arbres avaient développé leurs racines plutôt du côté de l'allée que du côté du carré? La raison en est simple, et la voici : les greffes étaient plus chargées de terre du côté de l'allée que de celui du carré, lequel étant labouré deux ou trois fois par année pour la culture des légumes, suivant l'usage des jardiniers routiniers, il s'ensuivait que les racines qui auraient dû se développer ne le pouvaient pas, parce qu'elles étaient continuellement détruites par la bêche des ouvriers, tandis que la plate-bande étant plus élevée, la bêche ne pouvait pas si aisément les atteindre. Ainsi, voilà des poiriers qui n'étaient ni des sauvageons des bois, ni des sujets nés de poiriers à cidre, ni des sujets provenant de fruits à couteau, mais d'une classe particulière, et provenus tout simplement d'une bouture qu'on aurait pu multiplier au besoin par plusieurs procédés en usage pour d'autres arbres fruitiers ; les sujets obtenus ainsi ne seraient pas comme les autres espèces de francs qui sont toujours pourvues d'épines, et n'auraient pas non plus besoin de subir l'opération de la greffe.

Le *Bon Jardinier* dit encore que le poirier aime une terre profonde, plus légère que forte, dans laquelle il puisse plonger ses racines pivotantes. Les terrains glaiseux, compactes, ne lui conviennent pas, etc. J'ai acquis la conviction que le poirier réussit partout, depuis les sols les plus légers jusqu'à ceux les plus compactes et les terrains marécageux ; j'en ai planté dans du sable pur, qui existent encore et qu'on peut visiter ; j'en ai planté dans des terres franches, dans des décombres, dans des terrains argileux et crayeux, dans des terres de carrière, dans des terres de marais où l'eau était à 30 ou 40 centimètres de la superficie. Tous ces sujets poussent bien et sont d'un beau vert. Il est certain que le poirier aime à étendre ses racines ; c'est bien réellement une des conditions essentielles de sa nature ; c'est pourquoi, lorsqu'on en plante, on ne doit pas épargner la largeur, la profondeur des trous ou le défonçage du terrain ; dans telle nature de terrain que ce soit, il faut se rappeler que le poirier est un grand arbre, qu'il doit vivre bien longtemps, qu'il doit voir se renouveler plusieurs générations, contribuer à leur nourriture, et qu'il mérite bien qu'on lui fournisse les moyens de bien commencer la longue carrière qu'il est destiné à parcourir.

Lorsque je défonçai le terrain que j'occupe actuellement, il y avait deux mauvais poiriers greffés sur coignassier ; ils étaient à tige et greffés de pied à la manière des cultivateurs de Vitry ; ils me parurent si défectueux que j'entrepris de les détruire. Je déplantai d'abord l'un d'eux qui était un Angleterre ; mais lorsque j'arrivai au second, j'étais près de l'arracher aussi, lorsqu'il me vint une réflexion. Je pensai que puisque le poirier avait une tendance à s'affranchir, je pourrais peut-être provoquer ou au moins aider cet affranchissement; celui-ci était un catillac. Lorsque le catillac est greffé sur coignassier, il forme ordinairement une protubérance à la soudure de la greffe ; j'allai chercher ma scie à main, je pratiquai une incision en biais, et en remontant le plus possible à travers la protubérance de la greffe jusqu'à ce que je fusse arrivé à peu près à la moitié de la grosseur de l'arbre. Je mis dans l'incision un petit morceau de bois; puis en tournant ma jauge autour de l'arbre je lui fis une butte en terre végétale et l'abandonnai. Cette opération a été faite le 2 février 1831. L'arbre, de rabougri qu'il était, et portant peut-être 1 décimètre de tour, avait, au 21 octobre 1845, 0m,60 de circonférence, et avait ainsi augmenté de plus de 3 centimètres 1/2 par année.

Cette expérience m'a amené à penser que les vergers des riches qui ne sont plantés qu'avec de mauvais arbres greffés de pied sur coignassier, et qui sont incapables de jamais faire des arbres assez robustes pour se défendre contre l'effort du vent, pourraient être opérés de cette manière. Alors de sujets nains qu'ils sont, ils deviendraient de suite de grands individus capables d'affronter les ouragans, les intempéries des saisons, et même de pouvoir résister aux animaux qui viennent s'appuyer et se frotter le long de leurs tiges, comme cela arrive presque toujours dans les vergers où l'on met paître des bestiaux.

Si l'on faisait cette opération dans un endroit fermé de murailles où les bestiaux ne soient pas admis, on pourrait, je crois, en tirer un double parti ; il serait facile d'utiliser l'incision en y introduisant deux greffes, une de chaque côté. Ces greffes auraient l'avantage de maintenir l'incision ouverte lorsque les mamelons se développeraient; je pense qu'elles aussi pousseraient des racines ; on pourrait laisser les greffes assez longues pour pouvoir former une butte suffisamment forte, et pourvu qu'un seul œil de la greffe soit à découvert, cela suffirait pour former un individu franc de pied qu'on pourrait enlever la deuxième année; il suffirait pour sevrer cette greffe de démolir la butte et de scier la partie de la protubérance au-dessus de l'insertion de la greffe ; on obtiendrait ainsi deux sujets francs de pied par chacun des arbres opérés ; on pourrait ainsi greffer autant d'espèces que de greffes ; de sorte qu'en opérant sur douze arbres, on obtiendrait vingt-quatre espèces ou même davantage ; car si l'on opérait des individus de l'espèce nommée épargne, cette variété formant ordinairement une forte protubérance, on y planterait aisément deux greffes de chaque côté.

### *Moyens de multiplication du poirier sauvageon ou égrin.*

On peut multiplier le poirier par les graines que l'on nomme ordinairement pepins, mais aujourd'hui les cultivateurs préfèrent les pepins provenant des fruits avec lesquels on fait le cidre ou poiré, lorsque le marc a passé au pressoir, ils le dépècent et le mettent par parties dans un crible d'osier ou de fil de fer, et, par ce moyen, ils obtiennent la plus grande partie des pepins qu'il contient.

On multiplie aussi le poirier par drageons que l'on détache au pied des forts arbres lorsqu'il en pousse, et cela n'est pas rare dans les anciennes plantations où on néglige de les supprimer, car ils vivent aux dépens de l'arbre, et finissent toujours par l'altérer.

On peut aussi multiplier par les racines; lorsqu'on a quelques vieilles souches, on dégage la terre tout autour, puis, avec une petite scie, on coupe les racines à environ 30 à 40 centim. du tronc, on les relève un peu hors de terre, on rafraîchit les plaies avec une serpette et on les laisse dépasser le sol d'environ 5 centim., puis on recouvre le tout proprement. Cette opération se fait aussitôt que les fortes gelées sont passées, chaque racine poussera de forts bourgeons qu'on pourra enlever à l'automne et replanter en pépinière. Comme on n'a pas besoin de toute la longueur de la racine, on peut la couper selon le besoin pour la reprise du sujet, et relever la partie qui reste hors de terre, on aura ensuite une récolte pour l'année suivante. J'ai vu de ces racines pousser des scions ou forts bourgeons de 1$^{m}$.60 à 2 mètres pendant le cours d'un été; néanmoins, pour les personnes qui ont besoin d'une certaine quantité de plants, le semis est préférable.

Lorsqu'on a beaucoup de pepins à semer, il faut préparer un terrain par par un bon labour, n'employer aucun engrais, bien ameublir la terre, distribuer ce terrain par planches de 1 m à 1$^{m}$.20 de largeur, avec un râteau, tirer la terre de la superficie de la planche dans le sentier qui doit avoir 0$^{m}$.45 à 0$^{m}$.60 de largeur, bien unir la terre et dresser ou marquer les bords de la planche avec un cordeau, de manière que celle-ci soit d'environ 5 centim. plus basse que le sentier; puis répandre les graines sur la planche et les recouvrir immédiatement d'environ 2 centim. de terre meuble prise dans la planche voisine, et ainsi de suite jusqu'à ce que le tout soit ensemencé. Afin d'empêcher la superficie de se durcir par l'effet des pluies, il est urgent de répandre une légère couche de petit fumier de cheval aux trois quarts consommé; ce paillis a pour objet de conserver la terre plus longtemps fraîche en empêchant le soleil de la dessécher trop promptement. En outre, lors des arrosages, ce paillis s'oppose d'ailleurs à ce que la terre se batte, de manière que l'eau entre plus facilement; car, dès que les semences commencent à lever, ce qui arrive à la fin de mars et au commencement d'avril, il est nécessaire, même indispensable, d'arroser souvent, à cause des hâles qui surviennent ordinairement à cette époque. Il faut aussi, dès que les semis sont terminés, couvrir les planches d'une bonne épaisseur de fougère ou autres couvertures semblables, afin de préserver les graines contre la gelée; on enlève ces couvertures lorsque les graines sont près de lever. Lorsque les semences sont sorties de terre, il faut apporter beaucoup de soins pour le sarclage de manière que le plant soit toujours net de mauvaises herbes, et continuer les arrosages chaque fois que les plantes l'exigeront. Si les soins indiqués ici sont exactement donnés, il est probable que le plant aura acquis au mois de novembre 0$^{m}$, 50 à 0$^{m}$,60 de hauteur, quelquefois davantage, alors il sera assez fort pour être mis en pépinière.

On peut aussi, au lieu de semer à pleine planche, tracer des rayons d'environ 3 centimètres de profondeur espacés de 0$^{m}$,25 à 0$^{m}$,30, et répandre les graines dans les rayons, puis rabattre et unir la terre; les soins à donner sont les mêmes que précédemment.

Il y a des personnes qui se contentent de répandre le marc sur des planches ainsi préparées et de le recouvrir d'une légère couche de terre, mais le plant n'est pas ainsi semé aussi également. Quoique le marc soit d'égale épaisseur partout, il n'en est pas de même des graines qui se trouvent en plus grand nombre dans certains endroits et pas assez ailleurs, mais ces personnes-là ont un calcul tout fait et prétendent qu'en employant ainsi les détritus du pressoir elles nourrissent leur terrain, et qu'après la récolte des plants, elles n'ont pas besoin d'engrais pour une autre culture.

A Orléans, où l'on traite bien les pépinières, le terrain est sujet à se durcir singulièrement à la surface quand viennent les hâles du printemps: pour obvier à cet inconvénient, les cultivateurs profitent du temps où la Loire est très-basse pour faire une bonne provision de vase qui se trouve dans de petites anses près des bords du fleuve, c'est un limon d'une finesse extrême qui est composé de beaucoup de détritus tout à fait consommés et de beaucoup de sable très-fin, ils font transporter cette matière près de leurs habitations et s'en servent surtout pour faire des semis. Lorsqu'on veut aussi semer des pépins de poires on prépare le terrain, ainsi que je l'ai dit, par un bon labour, puis on dresse des planches dans lesquelles on trace des rayons de 8 à 10 centimètres de profondeur, on répand de cette vase dans le fond du rayon, puis on sème les graines par-dessus. On unit le terrain en remplissant les rayons, si l'on n'a pas de paillis ni de terreau à répandre sur la planche on y met une légère couche de cette vase qui, en même temps qu'elle empêche la terre de se durcir, a encore l'avantage d'engraisser et ameublir le terrain.

Il faut avoir la précaution de tendre des souricières ou quatre de chiffres près des endroits où sont les semis, car les mulots, les musaraignes, le petit rat des champs pourraient se fourrer sous les couvertures et détruire une grande quantité de graine; ces animaux ont le sens de l'odorat très-fin et savent trouver les graines quoiqu'elles soient recouvertes de terre.

Quant aux fruits à couteau, si on voulait jouir du plaisir d'en semer, comme on n'est jamais bien fourni d'une grande quantité de graines de chaque variété, il vaut mieux et il est plus facile de les semer dans des terrines ou dans des pots qui soient bien percés par le fond, puis on a un registre et on numérote chaque variété à mesure qu'on dépose les graines dans la terre, par ce moyen on saura bientôt ce que chaque variété aura produit; ensuite on pourra avoir une certaine quantité de coignassiers en pépinière, et dès la première année on commencera déjà à greffer en fente tous les plants provenant de ces semis; cela n'empêcherait pas de replanter tous ces sujets de semis en pépinière, en conservant toujours l'ordre de leurs numéros; en donnant aux greffes les petits soins nécessaires pour activer leur fructification, on obtiendra des fruits en peu d'années.

J'ai remarqué que les greffes par branches ont le mérite d'accélérer la fructification des arbres.

Parmi les millions de francs ou poiriers sauvages qu'on a semés depuis un grand nombre d'années, il manque toujours un sujet capable de faire des arbres tout à fait nains; si nous étions tant soit peu raisonnables, nous pourrions nous contenter du coignassier, car à bien considérer la hauteur de la taille du poirier franc, il est certain que près de lui et comparativement aux individus greffés sur lui, il n'est véritablement qu'un arbre nain dont la Providence a bien voulu nous gratifier, afin que ceux qui n'ont que de petits jardins puissent avoir du fruit aussi bien que ceux qui en ont de très-grands; mais nous sommes difficiles à contenter, et nous voudrions avoir un poirier franc tout à fait nain; or, il est plus que probable qu'il a existé, mais qu'on ne l'a pas remarqué; et en effet, quand un marchand lève son plant pour le vendre, il fait le plus souvent deux choix, le plus fort et le moyen; reste alors le petit ou rebut dont on ne tient pas grand compte; on le repique quelquefois, mais fort tard et il en périt la moitié. Si on le laisse en jauge, on finit par le mettre au feu et voilà à peu près le sort des plantes qu'on nomme fretins. N'est-il pas présumable que c'est justement parmi ces petits plants que se sera rencontré et que se trouvera un jour le sauvageon poirier nain, il ne faudrait donc qu'un peu d'attention de la part du cultivateur. Mais malheureusement le goût de l'observation est bien peu répandu parmi les individus de cette classe. Néanmoins, je persiste à penser que par suite des semis multipliés que l'on s'attache à faire aujourd'hui, il se pourra faire que, parmi les sujets provenant des graines de fruits à couteau, on trouvera un sujet nain; car ceux-là ne font déjà plus de sujets aussi grands ni aussi robustes que leur type, et chez eux la nature paraît se rapetisser. Dans les sujets sur coignassiers elle s'atténue encore davantage et ainsi de suite, jusqu'à ce que nous ayons obtenu un pygmée. J'ai des sujets que j'ai obtenus avec des pepins de royale d'hiver, qui ressemblent assez à leur type, ils sont dans un excellent terrain, bien portants, mais encore loin d'avoir la vigueur d'autres individus provenus de graines de sauvageons à poire; si je les eusse greffés sur coignassier, nul doute que je n'eusse déjà obtenu leurs fruits bons ou mauvais; mais j'ai attendu, et ils promettent pour leur septième ou huitième année;

or je trouve que c'est de la précocité, car la royale d'hiver n'est pas très-pressée de donner du fruit.

En 1844, au mois de décembre, j'ai mis dans un petit pot ou godet de 8 centimètres de largeur un beau pepin de duchesse d'Angoulême, au 23 octobre 1845, j'ai enlevé le pot pour confier l'individu à la pleine terre, je pensais bien que les racines avaient passé par le trou du pot et avaient travaillé en dehors, mais je fus trompé, le pivot n'étant pas tombé droit en face du trou, avait suivi et tourné plusieurs fois autour du pot, l'individu n'avait que 15 centimètres de hauteur, et cependant sa racine principale ou pivot avait acquis 1m.,26 de développement; or, quand on voit des résultats semblables, on peut juger approximativement de la solidité que doit avoir un tel arbre, après un siècle d'existence, on ne doit pas être étonné que le vent ne jette jamais ces arbres-là par terre; j'ai replanté l'individu avec ses racines, et on pourra vérifier le fait au besoin. Si le chêne est regardé comme le roi des forêts, le *Pyrus silvestris* peut bien à juste titre être considéré comme le roi des arbres fruitiers.

### *Établissement de la pépinière.*

J'ai dit que le plant de poirier, lorsqu'il a été bien soigné pendant une campagne, pouvait être capable d'être transplanté en pépinière. Dans ce cas-là, il faut choisir un terrain d'une étendue proportionnelle à la quantité de plants qu'on veut mettre en place, et s'assurer qu'il y ait une épaisseur au moins de 0m.,65 de terre et même plus s'il est possible, le faire défoncer de 0m,40 à 0m,55 de profondeur, tracer des lignes avec un cordeau à la distance de 0m.,80 les unes des autres, puis choisir dans le semis, les plus forts plants, que l'on tire à la main et qui viennent facilement; de cette manière on ne craint pas d'endommager les plus faibles qui resteront pour l'année suivante. Ces plus forts plants sont rabattus jusques à trois ou quatre yeux de la naissance de la tige, mais la racine ou pivot est allongée de manière que le plant tout habillé n'excède pas 0m,40 à 0m,45 de longueur. On se munit en même temps d'un fort plantoir avec lequel on met ces plants dans les lignes à la distance de 0m,65 à 0m,80 les uns des autres; cette plantation est très-facile à faire, cependant il faut avoir soin de serrer la terre près du plant, cela s'appelle en jardinage borner le plant. On enfonce le plantoir pour faire la place, et au moment où le plant est placé de manière qu'il ne reste que deux yeux hors de terre, on fait tomber de la miette avec la pointe du plantoir le long du plant, puis on enfonce une deuxième fois le plantoir à côté du plant, la terre qu'on a fait tomber se trouve serrée le long du plant et tout est fini; c'est l'affaire d'un instant pour celui qui a l'habitude de ce travail.

Cette plantation doit être exécutée en novembre par un beau temps, afin que la terre ne soit pas pétrie et plombée comme cela arrive par un temps humide; il n'y a plus rien à faire jusqu'au printemps, époque à laquelle il faudra donner le premier binage, afin de détruire les herbes qui ne manqueront pas de se montrer, et renouveler les façons autant de fois qu'il sera nécessaire. Il faut que l'ouvrier qui donnera ces binages, ait la plus grande attention de ne jamais approcher l'outil assez près du plant pour l'écorcher; s'il y a de l'herbe près des plants il doit l'arracher avec la main, mais ne pas risquer de l'ôter avec l'outil, dans la crainte de les blesser.

Au second printemps, si les plants ont bien poussé, il faudra les passer tous en revue pour supprimer les plus faibles bourgeons et ne conserver que le plus fort, car c'est celui-là qui doit former la tige. On continuera également à tenir la terre propre au moyen des binages chaque fois qu'il sera nécessaire.

A la troisième année, le bourgeon principal aura dû s'allonger beaucoup, et pousser le long du corps plusieurs forts bourgeons qu'il faudra retrancher à 5 centimètres environ de la tige en se gardant bien d'en couper un seul au ras de la tige, ce qui l'affaiblirait singulièrement.

Au quatrième printemps, la besogne est la même, il faut passer dans tous les rangs, et retrancher à 5 centimètres du corps tous les bourgeons un peu forts, mais laisser entiers tous les petits qui n'ont que 8 à 10 centimètres de longueur, ce sont eux qui appellent la sève et maintiennent l'equilibre le long de la tige et lui font prendre de la force. Si on avait le malheur de supprimer tous ces petits bourgeons auprès de la tige elle ne prendrait pas de consistance, la séve étant obligée de monter dans l'extrémité de l'arbre en trop grande abondance y développerait des bourgeons nombreux, que la faiblesse du corps de l'arbre ne pourrait plus supporter et qui courberaient la tige au point que la tête viendrait toucher terre. Il sera bon aussi de visiter le haut du bourgeon principal, et s'il ne poussait pas bien droit, de le redresser au moyen d'une petite baguette ou tuteur que l'on attacherait au sujet, puis approcher le bourgeon et le fixer au tuteur au moyen d'une ligature de petit osier. Quelquefois il se développe deux ou trois bourgeons à l'extrémité au lieu d'un seul, et dans ce cas, on en retranche deux s'il y en a trois à 15 centimètres environ de longueur et on rapproche celui conservé avec un osier, en l'attachant aux onglets des deux autres qu'on a retranchés, et lui donnant la position la plus verticale qui est possible. La sève qui devait circuler dans les deux autres bourgeons étant ainsi contrariée est alors obligée de prendre son cours dans le bourgeon conservé. Si dans le courant de l'été on s'apercevait que les deux bourgeons supprimés poussent encore avec trop de vigueur, il ne faudrait plus du tout les ménager, mais couper tous ceux qu'ils tendraient à produire, car ils ne sont là que pour maintenir le principal bourgeon et devront être retranchés définitivement au printemps prochain.

Au cinquième printemps, si les plans ont bien fait, les arbres doivent être déjà forts, et commencer à se former une tête, à laquelle il faut bien se donner garde de toucher, seulement on veille à ce que la naissance des branches qui doivent former la tête, soit au moins à 2$^{m}$,20 du sol; au delà de cette hauteur, la serpette n'a rien à faire, mais il faut toujours retrancher les bourgeons, le long de la tige, qui voudraient prendre trop d'ampleur, ainsi qu'il vient d'être dit, et continuer aussi les binages, de manière que la pépinière soit propre. Si les plants prospèrent, on pourra, dans le courant du mois d'août, commencer à nettoyer le pied des arbres, de tous les petits bourgeons qu'on avait conservés jusqu'alors, mais à une hauteur de 0$^{m}$,50 à 0$^{m}$,60 seulement, les couper ras la tige; la sève étant en mouvement recouvrira toutes ces petites plaies pour l'hiver.

Au sixième printemps, si les plants ont prospéré, il y en a déjà une certaine quantité qu'on pourra enlever de la pépinière, mais il vaut mieux les laisser une campagne de plus, pour leur donner le temps d'acquérir toutes les conditions nécessaires pour faire un bon arbre, on pourra pendant l'été supprimer encore les petites branches le long de la tige, à la hauteur de 0$^{m}$,65. La sève en passant recouvrira toutes les plaies pour l'hiver.

*Mise en place et plantation.*

Au bout de ce temps, il doit y avoir une certaine quantité d'individus capables d'être transplantés soit en verger, soit le long des chemins ruraux et vicinaux, mais si le propriétaire veut que ses fruits soient de belle et bonne qualité, il faut nécessairement qu'ils soient greffés en espèces de choix, et il est de son intérêt de les faire greffer dans la pépinière même; par là, il gagnera une année, car en les transplantant à leur destination, dans leur état d'égrins, il leur faut un an pour s'attacher au sol, et ce n'est que la deuxième année qu'on pourra les greffer, tandis qu'en faisant l'opération à la pépinière, il n'y aura aucun retard, et de plus, les greffes auront l'avantage de se fortifier, et de développer une belle végétatiou. En greffant ainsi, le greffeur peut tenir un registre où il inscrit le nombre de sujets ou de rang qu'il a greffés en chaque espèce, et de cette manière, il ne sort pas un arbre de la pépinière qu'il ne sache à quelle espèce il appartient.

Avant de greffer, il est très-important de bien examiner tous les individus, et s'il s'en rencontre qui aient des caractères particuliers, comme par exemple, une absence totale d'épines, de larges feuilles, de gros bois, mais dont les yeux soient très-rapprochés, du bois maigre avec des feuilles relevées en gouttières, tout cela annonce une organisation particulière, et qui pourrait bien indiquer des variétés de fruits intéressants; je conseillerais de les conserver jusqu'à ce qu'ils aient donné leurs fruits, ces sujets-là d'ailleurs, ne peuvent jamais être inutiles, soit qu'on les greffe en place pour y demeurer, soit qu'on les enlève pour planter ailleurs, ils n'en seront que plus robustes.

Lorsqu'on procédera à la plantation de ces arbres, il faudra que les trous soient assez larges et assez pronfonds pour les recevoir, et leur donner 1$^{m}$,25 de largeur sur 0$^{m}$,80 de profondeur. La déplantation de ces individus doit se faire avec tous les soins possibles. Si les sujets étaient tous égaux pour la force, cette opération serait bien facile, et il suffirait d'ouvrir une jauge à l'extrémité d'un ou de deux rangs, seulement il faudrait qu'elle fût assez profonde et assez large, pour qu'on puisse avoir presque toutes les racines, mais comme on choisit toujours, il s'ensuit que la déplantation ne se fait que par petites parties, c'est pourquoi on doit avoir le plus grand soin de ne pas mutiler les racines; j'ai indiqué 1m,25 et 0m,80 pour les trous, non-seulement pour que les arbres aient davantage d'air, mais encore pour que celui qui sera chargé de la déplantation, ait plus de place, pour pouvoir plus à son aise les dégager et allonger les racines tant sur les côtés, que par dessous; il vaut mieux passer dix minutes de plus, pour déplanter un arbre que de briser une racine, le propriétaire y gagne encore davantage. On voit bien des arbres, qui ne sont souffrants, que parce qu'ils ont été mal déplantés.

Un poirier ne doit pas coucher une seule nuit la racine à l'air, rien ne lui est plus funeste, cette racine est extrêmement sensible au froid, et la moindre gelée la détruit insensiblement; beaucoup d'arbres de cette espèce meurent après avoir d'ailleurs été soigneusement plantés, sans qu'on se doute du motif qui a causé leur mort. Quant au transport des arbres à l'endroit de la plantation, il serait à souhaiter qu'il pût se faire à l'épaule, mais si la distance est trop éloignée, il faut bien se décider a les transporter dans une voiture.

Si c'est une plantation neuve que l'on fait dans un terrain où il n'y ait jamais eu d'arbres, on peut planter en toute sûreté, et prédire que tout ira bien; cependant il faut employer tous les soins possibles pour que l'opération soit bien faite, observer la longueur des racines, jeter de la terre végétale dans le fond du trou; s'il y a des gazons, les ranger sur les côtés; présenter l'arbre de manière que les racines du collet se trouvent un peu au dessus du niveau du sol, jeter de la terre bien meuble dans les racines; quand le trou est aux deux tiers rempli, soulever et secouer l'arbre afin que la terre s'introduise entre les racines et qu'il ne reste pas de vides entre elles; observer que l'arbre soit bien d'aplomb, puis appuyer la terre avec le pied tout à l'entour, non de l'arbre, comme font les mauvais planteurs, mais autour du trou. En tassant ainsi, la terre se trouve pressée le long des racines et l'arbre se trouve fixé solidement sans que les racines aient éprouvé une pression douloureuse, comme quand les mauvais planteurs marchent dessus avec force et les mutilent autant qu'ils peuvent, d'autant plus que si la terre est humide dans ce moment, ils la pétrissent de manière qu'on la trouve dans le même état au bout de plusieurs années.

Mais si ce sont des remplacements, que l'on fait, il faut de toute nécessité changer la terre des trous, enlever le premier fer de bêche à la superficie du sol, planter l'arbre ainsi que je viens de l'expliquer et remettre la terre du trou à la place de celle enlevée; comme les arbres se trouvent plantés un peu haut, pour le moment on peut mettre suffisamment de terre autour d'eux pour que les racines soient bien couvertes, et même les butter légèrement. Il est bon aussi de conserver le long de la tige les petits bourgeons peu nombreux qui existent sur le corps; pendant la campagne qui suit la plantation, le feuillage de ces bourgeons abrite un peu la tige contre l'ardeur du soleil et aide la sève à monter dans le haut de l'arbre. Je possède des sauvageons de poiriers auxquels j'ai ainsi laissé des bourgeons depuis le haut jusqu'au bas de la tige. En 1845 ils ont donné des fruits aussi bien sur ces bourgeons que sur les branches, et les individus n'en sont pas moins brillants de santé.

Il est quelquefois dangereux d'exposer subitement un arbre au grand air ou au soleil; lorsqu'il a été longtemps élevé à l'ombre, le froid excessif ou la chaleur le saisissent, l'écorce se contracte, et il reste en léthargie pendant toute l'année; ce n'est que l'année suivante qu'il se décide a pousser; une pépinière étant aussi une petite forêt dans l'intérieur de laquelle le soleil ne paraît guère, il est bon quelquefois de prendre des précautions.

Il est aussi une attention particulière qu'il faut avoir au sujet des greffes qui sont faites après la plantation, c'est de mettre un tuteur ou baguette soigneusement attachée au sujet avec des osiers assez forts, et quand elles sont un peu poussées, de les attacher à ce tuteur avec quelques brins de jonc pour qu'elles puissent résister au vent; assez souvent aussi les oiseaux aiment à se reposer sur l'extrémité des arbres, et, lorsqu'il n'y a pas de tuteurs, les greffes fléchissent et périssent, tandis que s'il y a une baguette qui dépasse les greffes de 0m,60 à 0m,80, ces oiseaux se posent plus volontiers dessus et n'endommagent rien.

En même temps qu'on élève des tiges pour plein vent, on peut également élever des poiriers nains pour espaliers, ainsi que des quenouilles pour former des arbres pyramidaux, les sujets sont les mêmes, seulement on les greffe à l'été de leur deuxième année de plantation après avoir préparé les sujets en supprimant tous les petits bourgeons qui sont poussés près du tronc à la hauteur d'environ 0m30. On procède à la greffe en écusson vers le mois de juin et juillet; ce sont ordinairement des fruits à couteau que l'on greffe de cette manière; on cueille des rameaux ou bourgeons poussés de l'année, qui soient déjà un peu fermes, on coupe les extrémités qui seraient trop tendres, et l'on procède à la greffe qui est assez connue pour que je me dispense d'en faire l'explication. Cependant, je dirai, au sujet de la levée de l'œil, que bien des personnes l'enlèvent d'abord, puis épluchent avec la pointe du greffoir le peu de bois qui s'est trouvé enlevé avec lui; mais en creusant ainsi l'œil elles le meurtrissent ou le vident de manière que lorsqu'elles ligaturent la greffe, soit avec de la laine ou autre chose semblable, il se trouve une petite cavité entre la greffe et le sujet, en sorte que l'écorce de la greffe s'attache bien au sujet, mais l'œil meurt et c'est une besogne à recommencer; il faut éviter d'éplucher ainsi l'œil de son écusson, car c'est toujours du temps perdu; un bon greffeur doit lever son écusson avec une telle dextérité qu'il ne reste pas de bois après l'écorce, et cependant l'œil doit être plein. Le bon greffeur passe adroitement la lame du greffoir entre le bois et l'écorce, sans enlever de bois aucunement, et aussitôt que l'œil est enlevé il est de suite replacé et ligaturé immédiatement. Des greffes faites de cette manière ne manquent jamais, à moins que ce ne soit par des années humides comme 1844 et 1845, mais ici ce n'est pas la faute du greffeur, ce sont les pluies continuelles qui ont détruit ou noyé les greffes.

Vers le mois de fevrier on fera la revue des écussons pour rabattre les sujets, afin que toute la sève se porte à la greffe; en coupant la tête du sujet, il faut avoir l'attention de laisser au-dessus de l'œil un onglet de 6 à 8 centimètres de long qui servira à attacher le jeune scion qui doit sortir incessamment. Lorsque ce sujet aura atteint la longueur de 0m30 on l'attachera avec du jonc à l'onglet afin que le vent ne le décolle pas. Il faut être attentif à visiter souvent les bourgeons qui sont susceptibles de pousser sur le sujet et qui vivraient aux dépens de la greffe.

Lorsqu'on fera la revue des greffes, tous les sujets dont les greffes n'auront pas réussi seront laisses entiers pour être greffés en fente ou de toute autre manière, vers la fin de mars, si le temps est contraire, et un peu plus tôt si le temps le permet; celles-ci iront aussi vite que les écussons, et auront l'avantage de donner du fruit plus tôt que les derniers si elles sont dirigées par une main habile.

Que ce soit des murs ou des lignes qu'on a plantés pour former des éventails, on devra, pour faire une bonne plantation, ouvrir, dès le mois d'août, les trous; si ce sont de simples remplacements, on enlèvera la totalité de la terre sur une largeur de 1 mètre, et autant de profondeur s'il est possible, et on rapportera en sa place de la terre neuve, qu'on s'assure n'avoir pas nourri d'arbres fruitiers depuis longtemps; si c'est dans un endroit déjà en culture que s'effectue cette plantation, on peut transporter la terre qui sort des trous et en faire une chaîne dans l'endroit où l'on doit prendre celle qui doit la remplacer; enlever du sol le premier fer de bêche seulement parce que cette épaisseur est toujours la plus végétale; au lieu de remplir le trou d'abord, la déposer seulement auprès, laisser les trous ouverts jusques au moment de la plantation, temps pendant laquelle elle recevra l'impression de toutes les influences atmosphériques. Si c'est de la terre naturellement dure, compacte, argileuse, elle sera devenue très-douce, s'émiettera d'elle-même, et sera très-convenable pour insérer entre les racines. D'un autre côté, les parois du trou qui n'avaient pas vu le jour depuis longtemps, auront également reçu les influences de l'air, du soleil, des pluies, et ne seront que plus propres pour recevoir les jeunes racines, lorsqu'elles y arriveront.

Vers les premiers jours d'octobre, les jeunes écussons auront achevé leurs pousses; ils seront pour la plus grande partie en état d'être portés à leur destination, et il ne sera pas difficile de les déplanter avec toutes leurs racines; il faudra bien se garder seulement d'en supprimer aucune, si ce n'est avec une serpette dont le tranchant soit bien fin, enlever l'onglet dont on n'a plus besoin, tailler la greffe à 12 ou 15 cent. de son insertion, puis planter l'individu de manière que la greffe excède le niveau du sol d'environ 15 centimètres, en ayant soin de tourner la plaie de l'onglet du côté du mur. S'il se rencontrait quelques racines qui soient trop longues, il faudrait les courber légèrement, puis enlever et secouer l'arbre à plusieurs fois pour que la terre s'introduise bien entre les racines et pousser un peu pour incliner l'arbre près du mur, marcher ou appuyer légèrement autour de l'arbre pour fixer la terre aux racines et bien unir le terrain. Il est bien rare qu'une plantation opérée ainsi ne réussisse en totalité.

Lorsque les jeunes arbres commenceront à pousser, il faudra choisir les deux jeunes bourgeons les mieux disposés, en face l'un de l'autre sur les côtés de l'arbre, les palisser et supprimer tous les autres. Ce sont ces deux bourgeons qui sont destinés à former la charpente de l'arbre; et ce petit arbre, n'importe de quelle espèce il soit, s'il est confié à un bon horticulteur-jardinier, pourra avoir dans douze ans 12 à 15 mètres d'étendue sur une hauteur indéterminée, et il aura dû donner de beaux fruits selon que son espèce en fournit de gros ou de petits.

Si c'est une plantation neuve que l'on fait dans un terrain où il n'y a jamais eu d'arbres, il n'est nullement nécessaire de changer la terre, à moins qu'elle ne soit très-mauvaise; mais il faudrait qu'elle le fût au dernier degré pour que le poirier franc ne pût y prospérer. La seule condition indispensable, c'est que le sol ne soit pas assez dur pour que les racines ne puissent le pénétrer. Il y a sur la route de Versailles à Paris, au lieu dit les limites de Chaville, des carrières considérables appartenant à M. Conor. Ce propriétaire, désirant se former un jardin, fit niveler un terrain assez considérable qui longe la route. Tout ce terrain est un composé de terre, de beaucoup d'argile et de pierrailles. Il fit planter ce jardin par un pépiniériste de ma connaissance, et tous ces poiriers, à la réserve de deux, furent bientôt mourants, jaunes et perdant leurs feuilles dès le mois d'août. Il me consulta à ce sujet, et après examen, je n'eus pas de peine à lui faire comprendre que tous ces poiriers étant greffés sur coignassier, et son terrain ne convenant pas à cette sorte de sujet, il fallait qu'ils mourussent, hors deux, qui par hasard se trouvaient sur franc et jouissaient d'une belle santé. On peut facilement s'assurer du fait, car ce jardin étant sur le bord de la route, tous les voyageurs peuvent y jeter un coup d'œil.

Je connais beaucoup de très-beaux jardins dont les poiriers sont dans cet état, et ce qu'il y a de plus alarmant pour les propriétaires comme pour les jardiniers qui les soignent, c'est que le remède qu'ils emploient pour les guérir augmente encore le mal; en sorte qu'un poirier qui aurait pu vivre encore trois ou quatre ans, est obligé de périr entièrement en un an ou dix-huit mois et peut-être plus tôt encore. On dirait vraiment qu'il y a une maladie épidémique sur les poiriers. Je connais, entre autres, un jardin spacieux qui est planté depuis sept années, le propriétaire, grand connaisseur, n'a rien épargné, ni dépense, ni ouvriers, ni bonnes terres, ni engrais, etc. Le jardin contient bien cinq à six cents poiriers, tant pyramidaux qu'espaliers; tous ont eu une végétation admirable pendant cinq années; la sixième, en 1844, les poiriers pyramidaux ont commencé à prendre une teinte jaune aux extrémités; en 1845, la plus grande partie n'a pas poussé et a perdu ses feuilles au mois d'août. Ces arbres donnaient, dans les dernières années, des fruits de la plus grande beauté; et comme j'avais fourni une partie de ces poiriers, j'ai plusieurs fois reçu des félicitations du jardinier ainsi que du propriétaire pour les belles qualités de fruit dont j'avais meublé le jardin. J'y allai l'an dernier pour voir les fruits vers le mois de septembre; je ne fus pas peu étonné de voir les arbres dans un semblable état de dépérissement; je ne pus m'empêcher de manifester mon étonnement au jardinier, qui ne me donna aucune raison satisfaisante. Mais étant revenu au bout d'un mois peut-être, et traversant pour le rencontrer le jardin fruitier, j'y trouvai son premier garçon qui ne me parut pas beaucoup plus avancé que lui; mais en même temps j'aperçus qu'on était en train de faire à ces poiriers une opération qui excita en moi un sentiment d'indignation que je pus à peine maîtriser, mais qui me fit aisément prévoir que dans deux ans tous les poiriers seraient morts. J'aurais bien voulu n'avoir pas dit la vérité. J'ai revu ces arbres, il y a trois semaines au plus tard, et beaucoup d'entre eux ont devancé l'époque que j'avais assignée à leur existence. Mais quelle a pu être la cause d'un si grand mal? La voici. La plupart des personnes qui ont écrit sur le jardinage ont toujours indiqué le fumier comme le stimulant le plus propre à faire prospérer les arbres; le *Bon Jardinier*, et tant d'autres, ne cessent de le recommander, et surtout de bons labours autour des arbres. Ces livres-là sont dans toutes les mains: on croit faire bien en suivant leurs indications, et les personnes qui les lisent ne se doutent pas que ceux qui ont écrit ou rédigé ces publications ne sont pas de véritables horticulteurs, mais savent très-bien aligner des mots ou composer de belles phrases; mais en suivant à la lettre ce qui se trouve dans de pareils ouvrages, on perd son temps, son argent et ses arbres. Ceux qui écrivent ainsi sont peut-être riches, ou du moins ont reçu une éducation distinguée; or tout cela n'inculque pas la pratique en horticulture et le savoir du jardinier. Mais je reviens à mon sujet.

Si ce sont des pyramides que l'on veut obtenir, les conditions et les soins sont les mêmes que pour les nains; seulement on peut laisser les jeunes greffes deux étés dans la pépinière pour commencer leur éducation. Vers le mois de mai du premier été, il faudra donner à chaque individu un tuteur ou échalas bien droit, de la hauteur de 1m,50 au moins, et à mesure que les greffes pousseront, il faudra les attacher solidement au tuteur au moyen de paille de seigle, de jonc ou de toute autre ligature qui soit solide, mais non capable de blesser l'individu. On pourra pincer les greffes les plus vigoureuses à la hauteur de 0m,60 environ pour exciter l'individu à donner quelques bourgeons latéraux dont on se servira avantageusement pour commencer à former la base de la pyramide. On attachera soigneusement le bourgeon terminal qui naîtra près de l'endroit du pincement; s'il en perce deux, il faut ôter le plus faible. Cette petite opération du pincement sera déjà un travail préliminaire pour la formation de l'arbre. Au mois de février, on ôtera tous les onglets et on les coupera le plus près possible de l'écusson, opération qui demande de l'adresse et un outil bien tranchant, car il faut surtout faire attention que le tranchant de l'outil ne blesse pas la greffe; si l'on n'est pas certain de les enlever lentement, il vaut mieux prendre une petite scie à main et les scier légèrement, puis rafraîchir la plaie avec la serpette. On doit aussi, au commencement de ce mois, tailler toutes les greffes à un mètre environ de hauteur, et ensuite avoir soin d'attacher le plus beau des bourgeons qui naîtront des yeux supérieurs de cette taille; c'est lui qui doit être le fondateur de la sève dans toutes les branches. On supprimera en même temps les autres à deux yeux seulement, ceux qui auront été pincés seront taillés également; mais il faudra tailler les bourgeons latéraux à trois yeux, et si de ces yeux il sortait plus d'un bourgeon, on ébourgeonnerait les autres à une feuille, c'est-à-dire au-dessus du premier œil. Voilà tout le travail préparatoire jusqu'à la Toussaint, où les arbres seront capables d'être mis en place.

On devra, pour les planter, employer les mêmes soins que ceux indiqués pour les sujets nains; mais une attention particulière qu'on doit avoir, c'est de les tailler avant de les mettre en place. J'ignore le motif qui engage tous les jardiniers à planter leurs arbres sans les tailler; il est pourtant facile de concevoir que le vent a beaucoup de prise dans un arbre ainsi nouvellement mis en place, et on a beau les bien aligner, quelquefois, au bout de deux jours, tous sont dérangés, l'un penche à droite, l'autre à gauche, et le jardinier n'en finit pas pour les relever et les assujettir avec le pied, tout cela par un temps humide qui pétrit la terre. De plus, quand on vient tailler l'arbre, on ébranle la tige de nouveau, tandis que s'il eût été taillé immédiatement, il n'eût pas eu à subir tous ces genres de tourments.

On me demandera peut-être pourquoi je préfère de jeunes arbres de six mois de pousse ou d'un an si on veut; mais c'est dans l'intérêt du propriétaire, car le temps que l'arbre serait resté en plus dans la pépinière serait en pure perte. Un tout jeune arbre est plus facile à dresser que quand il a deux années de plus; il s'accoutume mieux d'abord au sol, et l'on peut l'avoir avec toutes ses racines. Quoi qu'il en soit, je sais bien pourquoi on m'adresse cette question : c'est que partout où on plante des poiriers nains, ils sont toujours forts de corps et ont beaucoup d'apparence; mais ce que les propriétaires ne savent pas, c'est que ces sujets-là sont les rebuts des pépiniéristes : ce sont les quenouilles qui n'ont pas assez poussé pour être vendues ou les infirmes. Ceux attaqués de jaunisse ou autres maladies, on les rabat à 0m,30 ou 0m,40 pour en former des nains, afin d'en tirer quelque parti plutôt que de les brûler. Les marchands d'arbres n'élèvent jamais de poiriers nains, ils font même de grandes difficultés pour fournir des scions de l'année; la raison en est simple, ils ne peuvent vendre un nain que huit ou dix sous, tandis qu'en le gardant une année de plus, il formera une quenouille, qu'ils peuvent vendre de 15 à 20 sous. Les jardiniers ignorants sont fort contents de trouver des arbres de trois ou quatre années de greffe qui forment une belle tête; ils s'imaginent avoir fait une bonne acquisition et s'en félicitent; les maîtres, à leur tour, sont aussi forts satisfaits et ne savent pas que ces sujets ont été martyrisés déjà plusieurs fois, que pour être devenu ce qu'ils sont, ils ont subi trois recepages : le premier, immédiatement après être greffés; le deuxième, après avoir été une mauvaise quenouille, et le troisième, de la main du jardinier, qui lui coupe la tête pour le planter; heureux encore si on ne lui ôte pas la moitié de ses racines afin de lui en faire pousser de nouvelles! En même temps, on n'oublie pas de répandre autour de ses racines une forte brouettée de fumier, afin, dit-on, de le faire pousser vigoureusement; or, en cet état, le malheureux martyr est obligé de faire des efforts extraordinaires pour percer sa vieille écorce et en faire sortir quelques faibles bourgeons, auxquels on se gardera bien de toucher; ce n'est qu'au moment de la taille qu'on en choisira quelques-uns pour attacher en forme d'éventail. Un poirier d'un an est certainement préférable à celui-là; il a toutes ses racines ainsi que je l'ai indiqué. Les yeux ou gemmes, comme on voudra dire, sont bien formés et n'attendent que le printemps pour se développer. Ce dernier arbre sera même en avance sur l'autre, non-seulement sous le rapport de la végétation, mais encore sous celui du fruit.

Si les pépiniéristes voulaient, ils pourraient former des plants exprès pour dresser des poiriers nains, planter leurs sujets à $0^m,50$ les uns des autres, et les rangs à $0^m,60$; de cette manière, ils en feraient tenir une plus grande quantité, obtiendrait ainsi ce bénéfice qu'ils craignent tant de perdre. Il faudrait seulement, pour donner un certain mérite à leurs petits arbres, qu'ils voulussent bien s'assujettir, lorsque leurs greffes pousseraient, à les pincer à environ $0^m,30$ de hauteur; par cette petite opération, il naîtrait deux ou trois bourgeons, qui deviendraient d'une grande utilité pour les jardiniers intelligents, qui seraient obligés d'attendre une année pour les obtenir.

Quand on a quelque vieille plantation de poiriers sur coignassier qui menacent de périr, et qu'on est dans l'intention de les renouveler, on peut le faire de la manière qui suit.

On ouvre des trous de 1 mètre de largeur sur autant de profondeur; on se procure de la terre neuve de la meilleure qualité possible : on enlève celle du trou que l'on remplace par cette nouvelle, mais qu'on dépose provisoirement sur le bord des trous. On achète des sauvageons de poirier qui soient forts, c'est-à-dire qu'ils aient au moins 10 centimètres de tour ; on les coupe à la hauteur de $0^m,80$ à 1 mètre; on les plante avec toutes leurs racines et avec tous les soins possibles; on les laisse ainsi une année. Au mois de mars ou au commencement d'avril de la 2e année, on peut les greffer en fente à $0^m,30$ ou $0^m,40$ de terre, en plantant deux greffes sur chaque sujet, puis aussitôt que ces greffes pousseront, les diriger des deux côtés opposés et les attacher soigneusement. On aura déjà cette année-là un arbre tout disposé à bien faire; mais il faudrait que ces arbres fussent espacés au moins à 12 mètres de distance; les anciens pourraient être conservés encore quelques années. Pour qu'il n'y ait pas d'interruption dans la récolte des fruits, on détruit les autres à mesure que les jeunes prennent de l'étendue, et dans les très-bons terrains, on pourra sans crainte leur donner 15 à 16 mètres d'espacement. Il est vrai que beaucoup de jardiniers sont effrayés à la vue d'arbres qui développent une végétation aussi brillante; ils croient ne pouvoir les maintenir qu'en les coupassant et en les martyrisant de toutes sortes de manières. C'est ainsi que quelques-uns ont la cruauté de leur couper les plus belles racines, pour diminuer leur vigueur et les mettre à fruit, tant est grand leur effroi à la vue d'un arbre qui pousse beaucoup. Quant à moi, je m'en suis toujours réjoui, parce que je sais que cet arbre donnera des fruits en proportion de sa vigueur.

Si un propriétaire fait la dépense de construire des murs de 3 à 4 mètres de hauteur, il me semble, en toute justice, qu'il a le droit d'exiger que les murs soient garnis dans toute leur étendue, non pas avec quelques mauvais arbres rabougris et galeux, puis entourés de cordons de vigne qui tapissent la partie haute, pour empêcher, dit-on, la pluie de mouiller les feuilles de ceux qui sont au-dessous, mais bien tapissés par des poiriers de belle taille, bien verts, ayant l'écorce luisante, telle qu'un poirier franc doit l'avoir lorsqu'il est bien soigné. Les cordons de vigne sont en général la perte des arbres en espaliers, ses larges feuilles, portées au bout de pétioles très-longs, dépassent de beaucoup celles des poiriers et empêchent ceux-ci de jouir du bienfait des rosées et des pluies, en sorte que ces pauvres arbres ne vivent que par leurs racines ; tandis que s'il en était autrement, ils pourraient aussi se nourrir par leur feuillage. Le corps de l'arbre en souffre beaucoup, et il arrive assez souvent que l'écorce des branches ne recevant aucune humidité qui ordinairement lui donne l'élasticité nécessaire pour pouvoir se prêter à l'accroissement du bois, se déchire longitudinalement et laisse apercevoir le corps ligneux quelquefois sur une largeur de 1 à 2 centimètres; et si l'on n'y apporte pas promptement remède, il s'y forme une maladie qui fait périr la branche ou bien en diminue de beaucoup la vigueur.

Il est des terrains où l'on remarque une végétation qui paraît presque incroyable. J'ai vu dans la pépinière de M. Prout, dit *Laus Deo*, à Orléans, des greffes en écusson avoir une croissance assez considérable pour former, en un seul été, des tiges de poirier sur coignassier, auxquelles on aurait facilement accordé deux années de greffe. J'ai remarqué dans cet établissement des boutures de *cupressus distica* qui avaient poussé en une seule année de 2 mètr. de hauteur. Si on y eût cultivé du poirier franc, la végétation eût été encore plus prodigieuse. A la suite de la forêt d'Ermenonville, existe une ancienne abbaye nommée Chalis, appartenant à M. Parisse, où le terrain est très-fertile. J'ai été à même de visiter les jardins assez souvent, et j'ai vu des poiriers qui avaient été plantés par les anciens propriétaires; quoiqu'ils fussent déjà anciens, ils poussaient encore des bourgeons de 2 à 3 mètres de longueur, mais ils ne pouvaient pas donner de fruits : ils étaient plantés beaucoup trop près les uns des autres; puis il leur était défendu de dépasser la hauteur des murs, qui avaient cependant 4 mètres d'élévation. Le jardinier avait soin de tout couper raz le mur, pour faire, disait-il, de la propreté; il aurait mieux fait d'en ôter quatre ou cinq et les bien soigner, au moins il aurait pu montrer du fruit à ses maîtres. J'ai toujours eu l'idée que dans un terrain aussi riche on aurait pû avoir des poiriers de 30 mètres de longueur sur 4 de hauteur; mais il est bien rare qu'un habile jardinier rencontre une occasion comme celle-là, et, dans tous les cas, il vaudrait mieux avoir un seul arbre bien fructueux que cinq qui ne rapportent rien. Quoi de plus beau qu'un grand arbre bien dirigé, bien garni de beaux fruits? Mais, pour arriver là, il ne faut pas le maltraiter, lui faire une multitude de plaies qui mettent le désordre dans sa végétation. Vous vous plaignez que vos arbres ne rapportent pas de fruits, et vous leur ôtez les moyens d'en donner. Vous coupassez sans savoir ce que vous faites; mais avant de vous dire jardiniers, instruisez-vous donc à l'école de quelque bon praticien, étudiez la physiologie végétale, observez ses lois, familiarisez-vous avec elle, tâchez, par vos observations et vos remarques, de surpasser vos maîtres, et vous verrez que les poiriers sont des arbres extrêmement dociles et qu'on en peut faire tout ce que l'on veut, sans être obligé d'avoir recours à la violence. Soyez certain qu'ils fructifieront en proportion des bons soins que vous leur donnerez.

La taille des arbres est, pour beaucoup de propriétaires, une besogne à laquelle ils attachent une très-grande importance, et cependant ils appellent le premier venu et lui confient leurs arbres, non pour les tailler, mais pour les émonder et les tourmenter. Ces malheureux arbres qui ont poussé à leur aise, et auxquels on n'a retranché aucun bourgeon, on peut se faire une idée de la multitude de plaies qu'ils endurent; cependant le propriétaire est très-content parce qu'on a ôté beaucoup de bois; ils étaient trop touffus. Il paye généreusement son tailleur d'arbres pour les lui avoir tout simplement assassinés.

On a dit et redit et on croit généralement que c'est la taille qui fait l'arbre. Certainement la taille est utile en ce qu'elle donne la forme à l'arbre et qu'elle oblige celui-ci à pousser des bourgeons dans des endroits qui en sont ou qui en seraient dépourvus; mais la taille en elle-même fait peu de bien, et souvent beaucoup de mal : c'est l'ébourgeonnement qui est l'opération la plus essentielle. L'ébourgeonnement, joint à une taille bien raisonnée, fait des merveilles; mais, je le répète, sans l'ébourgeonnement la taille n'est rien; c'est par l'ébourgeonnement que le jardinier intelligent envoie ou dirige la séve et la fait obéir, qu'il transforme une faible branche en une forte, une très-petite en moyenne, qu'il en fait sortir où il lui plaît; que, si une branche est maigre, il trouve le moyen d'attirer assez de séve pour lui rendre de l'embonpoint; qu'il prépare tout pour la taille suivante, donne naissance à des boutons à fruit dans les points qu'il choisit et en aussi grande quantité que la force ou l'âge de l'arbre le comporte. Par l'ébourgeonnement on suspend, on arrête la séve à volonté; la taille sans l'ébourgeonnement met la confusion dans un arbre. On peut avoir de très-beaux poiriers bien fructueux sans les tailler, pourvu qu'ils soient soigneusement ébourgeonnés; et c'est cette opération qui répugne aux jardiniers, parce que pour la faire il faut un peu de raisonnement de calcul, et surtout de l'habitude. Ils disent pour excuse que le poirier ne veut pas être ébourgeonné parce que cela empêche les boutons à fruit de se former; que l'ébourgeonnement est utile, mais seulement après que la végétation est terminée, vers le milieu d'août. Mais alors autant ne pas toucher aux arbres, car leur végétation étant terminée, l'opération ne peut plus faire aucun bien; les trois quarts de la séve sont totalement perdus; les fruits, au lieu d'avoir été découverts, d'avoir joui des influences de l'air et du soleil, sont restés enterrés parmi les feuilles et les longs bourgeons qui ne manquent jamais de pulluler sur le devant des espaliers. Au mois d'août, ces bourgeons ont acquis presque toute leur grosseur, et en les coupant il reste une plaie qui ne se recouvrira qu'après l'hiver. Alors autant aurait valu ne point ébourgeonner et attendre le mois de février; la besogne eût été meilleure en ce que l'arbre aurait beaucoup moins souffert des plaies sans nombre et continuelles qu'on lui fait. Nous ébourgeonnons parce que nous ménageons la séve au profit des branches que nous conservons; c'est ainsi qu'un individu qui ne donne que 0$^{m}$,30 à 0$^{m}$,40 de végétation en donnera 1 mètre à 1$^{m}$,20 s'il est bien soigné, et des fleurs en proportion.

Pour les personnes qui plantent des espaliers neufs et qui sont un peu pressées de récolter, il est un moyen facile: c'est de planter des sauvageons de trois ou quatre ans d'âge, surtout avec de bonnes racines, puis rabattre la tige à 0$^{m}$,60, les laisser ainsi la première année; au printemps, avoir soin de les ébourgeonner, nettoyer le bas de la tige sur environ 0$^{m}$,30 de hauteur, et quand arrive le mois de juin poser deux écussons en opposition sur les deux côtés des sujets, et en face l'un de l'autre. Au mois de février suivant, vous pouvez couper la tête des sujets le plus près possible des greffes; dans le même été vous aurez obtenu deux beaux bourgeons qu'il ne sera pas difficile de bien dresser pour former un bel arbre. Je suppose que leur distance soit de 12 mètres, on peut aisément planter entre eux quatre poiriers greffés sur coignassier espacés de 3 mètres les uns des autres; ceux-ci devraient être de jeunes quenouilles de deux ans de greffe, telles qu'on les vend partout. Si cette plantation était bi n faite, on pourrait compter récolter de beaux fruits dès la deuxième année, et successivement. En attendant que les poiriers francs grandissent on n'aura pas manqué de fruits, et les murs d'espaliers se trouvent ainsi agréablement garnis; et quand les poiriers francs s'approcheront des poiriers coignassiers, on pourra enlever ceux-ci en mottes pour les planter ailleurs, et ainsi de suite jusqu'au dernier. Car si les poiriers francs sont bien conduits, ils sont susceptibles de se toucher au bout de neuf à dix ans.

Les personnes qui établissent des jardins neufs sont dans l'usage de faire une principale allée à une certaine distance de l'espalier, et de laisser subsister entre le mur et cette allée une plate-bande d'une certaine largeur pour pouvoir cultiver des pois de primeur, des haricots, des choux, etc.; il s'ensuit que pour semer ou planter on est obligé de donner de profonds labours qui se renouvellent autant de fois qu'il est nécessaire; on ne néglige pas non plus d'employer des fumiers et différents engrais pour amender et enrichir le terrain; on ne l'épargne pas au pied des arbres afin, dit-on, de les faire pousser; mais cette opération leur est bien préjudiciable, car pour enterrer le fumier ou tout autre engrais il faut faire une bonne jeauge; enfin il faut enfoncer la bèche profondément; or si l'on rencontre ainsi quelques racines elles se trouvent détruites, coupées, déchiquetées, puis ce fumier placé ainsi près des racines soulève la terre, les évente, aide le soleil à dessécher le sol, en un mot ne fait aucun bien. D'ailleurs ce fumier n'est pas toujours dispensé par un jardinier intelligent, il peut arriver que ce soit un manouvrier qui, sans aucune précaution, maltraite le pied des arbres. Je sais bien que presque toutes les personnes qui ont écrit sur le jardinage indiquent l'emploi du fumier comme un objet de première nécessité, et les propriétaires qui lisent ces ouvrages croient bien faire en suivant les maximes indiquées et se trouvent dans l'erreur sans s'en douter. Ces écrivains vous répètent avec assurance que si un arbre a l'air de souffrir il faut de suite employer le fumier pour lui rendre la santé, lui donner de suite un bon labour et un autre au printemps. A les entendre le jardinier ne sera bientôt occupé qu'à labourer les plates-bandes d'espaliers; mais tous ces pauvres arbres ne réclament pas tant de soin; mais si l'on récolte des légumes c'est à leur préjudice, et rien n'est plus nuisible aux espaliers. La plate-bande d'espalier doit être spécialement consacrée à la culture des poiriers, car si on coupe ou mutile leurs racines ainsi plusieurs fois dans l'année il est impossible qu'ils fassent de grands progrès.

Il y aurait moyen de concilier l'intérêt du propriétaire avec son agrément ; comme le terrain d'un jardin est toujours précieux, on pourrait placer l'allée principale ou de ceinture immédiatement le long du mur, en lui donnant une largeur convenable pour que plusieurs personnes puissent se promener à l'aise et à côté les unes des autres ; 2m,50 de largeur ne me semblent pas exagérés. Pour borner l'allée on pourrait planter une ligne de petits pommiers paradis des espèces connues sous le nom de reinette de Canada et calville blanc. Ce sont les plus belles, les meilleures et les plus dignes d'être admises dans un dessert. Cette position leur conviendrait d'autant mieux qu'étant abrités par le mur on peut espérer de récolter toujours de beaux fruits même dans les années désastreuses, comme en 1845; on peut s'attendre à en avoir toujours quoique les plein-vent n'en donnent pas, ou bien on pourrait y former un contre-espalier en vignes qui n'excéderait pas la hauteur de 1m,30, ou enfin un contre-espalier en poiriers greffés sur coignassier, avec un treillage de 1m,20 seulement. Le propriétaire pourrait en se promenant contempler, observer ses arbres et leurs fruits de plus près. Le service des espaliers se ferait beaucoup plus facilement; le jardinier ne serait pas exposé à regarder à ses pieds dans la crainte d'écraser une laitue ou un chou, et on gagnerait au moins 1 mètre de terrain sur la totalité des espaliers, car il faut au moins cette largeur pour la circulation ordinaire, le pied d'échelle, etc.; les arbres n'etant pas continuellement mutilés par leurs racines prospéreraient davantage.

Au village de Frépillon, et à l'extrémité de la vallée de Montmorency, il existait un très-beau jardin appartenant à M. Pelletier, amateur d'agriculture, mais surtout d'arbres en espalier; jardinier lui-même par goût, il s'était attaché un jardinier grand travailleur, qui savait parfaitement appliquer la théorie à la pratique. Les jardins d'agrément environnaient toute son habitation; les jardins fruitiers étaient séparés par une rue; une grille en treillage d'une simplicité remarquable donnait entrée sous un berceau spacieux garni de vignes, conduisait à la porte du jardin principal. C'était un enclos de 1 hectare environ construit au milieu d'un autre enclos de 2 1/2 hectares. Les murs étaient élevés de 3 mètres sous larmier et construits de manière à ce que les arbres pussent être palissés à la loque étant revêtus d'une couche suffisante de plâtre. Chaque essence d'arbres était placée à l'exposition la plus convenable, mais on avait eu soin d'en exclure les vignes. Les murs de cet enclos étaient plantés également en dehors comme en dedans, ce qui faisait un double espalier d'un aspect extraordinaire, non-seulement par la belle tenue des arbres, leur fertilité, mais en hiver lorsque les arbres étaient dégarnis, il était curieux de voir la dimension, la direction, la disposition de chaque bourgeon; mais là on ne cultivait pas de légumes. Le long des espaliers, une allée très-large circulant à l'entour, en dehors comme à l'intérieur, facilitait le service du jardin. On ne se servait pas non plus d'échelles pour tailler ni pour palisser, mais on avait de longs bancs à roulettes de plusieurs hauteurs pour pouvoir travailler plus librement, en sorte qu'un homme était aussi solide, pouvait aller, venir, comme s'il eût été sur le sol; il n'était pas exposé à blesser les bourgeons comme avec une échelle. L'intérieur de ce jardin était planté de lignes de poiriers en éventails à 4 mètres l'une de l'autre, soigneusement ébourgeonnés, chaque espèce occupant une même ligne, de manière que quand une espèce de poire était bonne à cueillir il n'était pas besoin de courir par les jardins, comme cela arrive dans ceux qui ne sont pas plantés avec ordre. Les labours et les fumiers étaient exclus de cette culture. On se contentait de donner des ratissages ou binages et des coups de râteau pour la propreté. Vers le mois de novembre, s'il était survenu des temps pluvieux et qu'on n'eût pas pu le nettoyer, on grattait ou on ramassait une légère épaisseur de terre que l'on mettait en chaîne dans le milieu des allées de l'intérieur. Cette terre et l'herbe qu'elle contenait s'amalgamaient ensemble, et quand venait le printemps on étalait tout cela comme si c'eût été du sable. L'enclos extérieur était planté de vignes, groseilliers, néfliers, framboisiers et arbres de plein vent.

On a beaucoup planté depuis ce temps, les poiriers en éventails ayant pris faveur, mais tout cela s'est fait sans ordre ; au lieu de planter une ligne de même espèce on se fait comme un devoir de mélanger les espèces : il arrive de là que souvent un doyenné se trouve placé à côté d'une crésanne ou un beurré à côté d'une royale d'hiver ou d'un sucré vert. Si le jardinier est peu instruit, il ne sait pas faire de différence entre ces diverses variétés de poires, il ignore que chaque variété de fruits demande un travail particulier, que le traitement ne peut être le même pour tous. Quant à lui, il serait bien fâché que la crésanne et la royale d'hiver s'élevassent plus haut que le doyenné et le beurré, d'où il arrive que ceux-ci rapportent des fruits tandis que les autres n'en rapporteront jamais.

Les arbres en éventail sont d'un aspect assez agréable lorsqu'ils sont bien soignés, mais il faudrait apporter plus de régularité quand on fait la plantation. Je suppose un jardin divisé en quatre carrés: qu'ils soient réguliers ou non cela ne fait rien; on n'a pas toujours l'avantage de trancher un morceau de terre à volonté, mais on en peut toujours tirer parti pour le mieux. Comme ces plantations-là se font toujours avec des poiriers greffés sur coignassier, on a coutume de les planter assez rapprochés les uns des autres, la distance ordinaire est depuis 4 jusqu'à 6 mètres; si la distance est trop rapprochée, on peut gagner en hauteur ce que l'on a économisé en largeur, mais c'est justement ce que les jardiniers n'entendent pas. Lorsqu'un poirier à acquis 2 mètres de hauteur ils ne veulent pas qu'il dépasse cette ligne de démarcation, aussi beaucoup d'espèces de poiriers ne voulant pas se conformer à cette tyrannie, au lieu de donner de beaux fruits prodiguent de forts bourgeons et de belles feuilles. Tous les ans même taille, même végétation jusqu'à ce qu'enfin ces malheureux couverts de plaies qu'ils n'ont plus la force de recouvrir finissent par périr de langueur. S'ils savaient parler, ils diraient qu'ils ont été traités par des bourreaux; mais ceci n'est encore que la moitié du mal. En effet, comme ces poiriers sont ordinairement plantés sur les plates-bandes des carrés, lorsqu'on donne les labours pour les plantations ou semences de légumes, on ne manque pas de donner un profond labour au pied de ces pauvres martyrs, et autant de racines qui se trouvent à la portée de la bêche, autant de racines détruites. Lorsqu'on laboure les plates-bandes, c'est la même chose; aussi ces arbres ne peuvent-ils avoir de racines qu'au delà de la longueur du fer de bêche; aussi n'est-il pas rare d'en voir qui penchent à droite, d'autres à gauche, suivant l'emplacement et la direction qu'occupent les racines que la bêche n'a pas pu atteindre; puis pour les achever, quand on s'aperçoit qu'ils jaunissent ou perdent leurs feuilles avant le temps, on leur donne une bonne fumure pour, dit-on, les rétablir, mais bien plutôt par les envoyer au bûcher.

Quoi qu'en disent les écrivains sur l'horticulture, il est cependant une grande vérité, c'est que les labours et les fumiers perdront, détruiront toujours les plantations. Je sais bien qu'il est beaucoup de propriétaires qui exigent de leurs jardiniers que les labours soient donnés non-seulement dans les espaliers, mais encore au pied de tous leurs arbres, dans leurs vergers, le long des chemins ruraux qui bordent leurs propriétés, etc.; tout cela est contre leur intérêt; mais ils ont des livres qui l'indiquent, et ils croient bien faire. Cependant en réfléchissant un peu on pourrait penser qu'un arbre qui vient d'être planté a, pendant la première ou deuxième année, développé des racines d'une certaine longueur, et qu'en faisant donner un labour à la bêche celles-ci doivent nécessairement être détruites. Quand un arbre, poirier ou autre, a été bien planté, le plus grand bien qu'on puisse lui faire c'est de le laisser en repos; seulement il est très-utile de ne pas laisser croître à 0m,65 tout à l'entour, de gazon ni aucune plante qui dessécheraient la terre, empêcheraient les racines de profiter des pluies bienfaisantes. On donne un léger binage au printemps et un autre en août: pourvu que le pied de l'arbre soit net de mauvaises herbes cela suffit.

Au village de Billancourt, près Sèvres, il existe un jardin assez intéressant qui appartient à milady Hamloch. Ce jardin avait été établi à grands frais, les espaliers réussirent bien, la végétation fut belle pendant plusieurs années, les arbres étaient parfaitement dirigés. J'ai eu plusieurs fois l'occasion de voir ce jardin; seulement depuis plusieurs années j'avais remarqué que les arbres d'espaliers étaient malades. Je ne voulus pas en parler à milady dans la crainte de l'affliger; mais la dernière fois que j'y fis une visite, c'était en octobre 1844, je venais de faire un tour dans les serres, en m'en retournant je longeai un mur d'espalier, planté en poiriers qui avaient été très-beaux les années précédentes, mais qui dans ce moment étaient bien malades; on avait déposé tout le long de la plate-bande du fumier de vache nouvellement sorti de l'écurie, et plus loin je trouvai un manouvrier occupé à donner un profond labour, pour pouvoir enterrer cette quantité de fumier. Je m'arrêtai un instant pour me rendre compte d'une opération semblable; l'ouvrier me dit que ce n'était pas sans besoin qu'on mettait ainsi du fumier, qu'il y avait deux ans qu'il n'y en avait pas eu. J'avais envie de retourner trouver la propriétaire qui était restée à se promener du côté des serres avec la société et de lui faire mes observations ; mais je réfléchis que ce travail avait peut-être été ordonné d'après les conseils de quelque ami de la maison, que j'aurais mauvaise grâce de me mêler de ce qui ne devait pas me regarder, et je m'en allai convaincu que tous ces poiriers avaient été détruits par l'abondance de fumiers qu'on leur avait mis au pied, car pour enterrer ce fumier il faut faire une jauge profonde, ainsi adieu les racines.

Il est étonnant que cette réflexion ne vienne pas au moins à quelques propriétaires. L'odeur même de ce fumier est capable de beaucoup influer sur la santé des poiriers ; puis on dira que les poiriers ne se plaisent pas, que le terrain ne leur convient pas ; mais ce sont les mauvais traitements qui ne leur conviennent pas.

Je connais une jolie propriété appartenant à un grand dignitaire de la couronne, il ne refuse rien de ce qui est nécessaire pour l'embellissement de ses jardin ; or il est arrivé que sa seigneurie étant allée aux eaux et devant être de retour pour les premiers jours d'août 1843, le jardinier, pour célébrer l'heureux retour de son maître, mit tout en œuvre pour le recevoir dignement ; entre autre chose il fit donner, un profond labour à toutes les plates bandes de son jardin, sur lesquelles étaient plantés depuis une quinzaine d'années de très-beaux poiriers en pyramides, chargés d'une forte quantité de fruits, puis il garnit toutes ces plates-bandes des plus belles fleurs de la saison ; enfin, il n'oublia rien de ce qui pouvait surprendre agréablement son maître. Les poiriers en pyramide, charmés d'avoir été si bien labourés, voulurent en témoigner leur reconnaissance et faire aussi leur offrande, ils laissèrent tomber tous leurs fruits à terre sur le passage de sa seigneurie. C'était vraiment curieux : tous les gens employés à la chambre, à la cuisine et ailleurs, tous étaient mis en réquisition pour ramasser les poires qui ne cessèrent pas de tomber pendant huit jours. Tous ces fruits, à moitié de leur grosseur, furent vendus à vil prix aux petits paysans qui se réjouirent fort de cette bonne fortune ; mais le maître ne se réjouit pas, il était un peu mystifié de se trouver sans fruit au milieu de l'abondance. Quant au jardinier, il s'en tira bien ; il dit que c'était un coup de chaleur qui avait frappé ainsi tous ces fruits, et les avait fait tomber subitement. Il fut cru sur parole, et tout alla bien ; il aurait parlé avec plus de mérite et de bonne foi en disant que c'était quelques coups de bêche qu'il avait fait donner maladroitement à chaque arbre qui avaient provoqué cette chute de fruits. La même chose arrivera toujours lorsqu'on voudra labourer au pied des poiriers dans cette saison-là, surtout lorsqu'ils sont greffés sur coignassier.

Si l'on fait une plantation de jeunes poiriers en espaliers, ainsi que je l'ai ci-devant indiqué, les deux bourgeons obtenus pour former la charpente de l'arbre seront taillés, au mois de février suivant, selon leur force, à la moitié de leur longueur, en ayant soin que l'œil terminal de la taille se trouve en dessous, et on les attachera solidement au treillage ou au mur de manière qu'ils décrivent un V très-ouvert ; il est probable que tous les yeux de la taille ouvriront, il en naîtra au moins deux forts près de l'extrémité de la taille, mais je les supprime avec une ou deux feuilles aussitôt qu'ils ont 10 à 12 centimètres de long. La séve qu'ils auraient consommé est obligée de refluer dans les bourgeons, parmi lesquels j'en choisis un des plus vigoureux pour former ma branche secondaire inférieure, que je palisse légèrement afin que la séve puisse y arriver plus librement et me faire une branche bien nourrie ; car étant obligée par sa destination à garnir le dessous de l'arbre, elle a besoin de soins tout particuliers. Quant à la branche secondaire supérieure ou branchie, je n'en suis pas inquiet ; je la choisis de manière que sa naissance soit un peu au-dessus et non en face de l'inférieure, afin que celle-ci puisse profiter plus à son aise du passage de la séve qui, tendant constamment à s'élever, développe toujours assez de bourgeons dans la partie supérieure : J'insiste pour que l'œil terminal de la taille soit en dessous, parce que quand un arbre est vigoureux et que l'œil terminal est en dessus, le bourgeon qu'il produit décrit quelquefois une courbe, qu'il est souvent dangereux de vouloir redresser, étant sujet à casser ou à se decoller, tandis que celui de dessous n'a pas cet inconvénient ; la séve s'élevant verticalement, elle le ramène presque naturellement à la ligne qu'il doit occuper.

Le palissage doit être fait de bonne

heure, afin que les bourgeons soient plus faciles à dresser. Si la végétation a été heureuse, l'arbre est dressé, il n'y a plus qu'à suivre, et même il ne serait pas étonnant que parmi les espèces les plus fructueuses, telles que l'épargne, le Saint-Germain, les diverses variétés de doyennés et beurrés, il ne se montrât quelques boutons à fruits ; mais cela n'arrive pas toujours.

Il serait utile, pour maintenir l'humidité au pied des arbres, de répandre une légère couche de débris à moitié brisés, comme vieux fumiers, débris de meule à champignons, et tout le long de l'espalier, sur une largeur de 1 mètre seulement. Comme ordinairement ces jeunes arbres produisent de jeunes racines près de la superficie du sol, ce paillis ainsi répandu sert à les protéger contre une trop grande sécheresse.

A la troisième année, si les arbres ont bien poussé, on les taillera encore à moitié de la longueur de leurs bourgeons, tant les mères branches que les branches secondaires, et le peu de bourgeons qui auront été conservés dans la partie inférieure sont taillés seulement à deux yeux ; mais comme cette année les arbres doivent végéter avec force, il faudra surtout les surveiller et les ébourgeonner de bonne heure, en coupant au bas des branches tous les yeux ou les bourgeons qui se seront développés sur le devant et sur le derrière des branches principales, ayant toujours l'attention de ne conserver qu'un seul bourgeon aux extrémités de chacune de ces branches principales.

Quand la végétation est luxuriante, il arrive souvent que les yeux des bourgeons terminaux se développent et donnent naissance à de jolis bourgeons latéraux ; mais ceux-là, il faut se garder de les supprimer, à moins qu'ils ne se trouvent sur le devant; cas auquel il faudrait promptement les faire disparaître à ras de l'écorce, mais palisser les autres avec soin, car ils sont ordinairement terminés par un bouton à fruit. Quand ce cas se présente, il faut à la taille suivante les conserver dans toute leur longueur pour avoir le fruit, qui ordinairement vient très-beau sur ces sortes de bourgeons. Puis après la récolte, si on le juge à propos, on peut les rabattre un peu plus bas, d'autant mieux que pendant que l'extrémité de ces bourgeons a donné du fruit, il a dû naître dans la partie inférieure une certaine quantité de boutons à fleurs pour l'année suivante ; mais quoi qu'il arrive, cette troisième année doit voir se former une certaine quantité de boutons à fruits. Même des arbres ainsi ébourgeonnés pourraient produire un ou plusieurs boutons à fruit à chaque extrémité des bourgeons terminaux, parce que la sève étant abondante et n'étant presque pas contrariée, donne des produits en conséquence et en proportion de sa force.

Le palissage doit se faire de bonne heure, afin que les bourgeons soient faciles à dresser et pour qu'ils ne fassent pas confusion ; ceux qui terminent les branches mères surtout doivent être attachés à mesure qu'ils s'allongent, parce qu'ils sont exposés à être rompus ou décollés par le vent. Il faut avoir une attention particulière à ne pas trop serrer le bourgeon terminal de la branche inférieure, afin que la sève puisse circuler avec plus de facilité; et si le bourgeon terminal de la branche supérieure paraissait disposé à prendre trop d'empire, il faudrait le pincer, et plus tard même le rabattre à moitié de sa longueur, afin de contrarier la sève et de l'obliger à se distribuer ailleurs.

Lorsque la sève paraît se ralentir dans la branche inférieure ou dans toutes les deux à la fois, il faut enfoncer un ou plusieurs petits tuteurs dans la plate-bande à environ $0^m,30$ du mur, la détacher dans sa partie supérieure et fixer un peu verticalement le bourgeon terminal au tuteur; la sève, qui ne demande qu'à monter verticalement, reprend son cours avec d'autant plus de vigueur qu'elle ne trouve plus d'obstacle ; puis, quand l'équilibre est établi, on rapproche la branche du mur. C'est ainsi que quelquefois, quand on veut s'en donner la peine, on parvient à rendre ou à donner plus de vigueur dans la partie inférieure d'un arbre que dans la partie supérieure.

Nos arbres étant ainsi dressés de la manière que je viens de le dire, il n'y a plus qu'à suivre leur développement d'année en année, et allonger la taille selon la vigueur de leur végétation, à quelques modifications près; car si l'on voulait traiter les poiriers d'après les vrais principes, il faudrait au moins une méthode particulière pour chaque genre de fruits, ce qui serait, du reste, facile, puisqu'il ne s'agirait que de faire quelques études, et c'est justement ce que l'on néglige. Un jeune homme se fait jardinier très-facilement aujourd'hui, il se revêt d'un tablier bleu, il achète un sécateur qu'il a soin de mettre dans la poche du tablier, puis il se croit un savant; il va s'offrir effrontément au premier propriétaire qui veut l'occuper, il coupe à tort à travers, saccage tout; puis le propriétaire vient nous dire que ses poiriers ne se plaisent pas dans son terrain, qu'ils ne rapportent rien. Malheureusement la science de l'arboriculture est une partie très-négligée aujourd'hui; on ne veut pas l'étudier; ceux qui paraissent vouloir s'en occuper sérieusement détruisent au lieu d'édifier, parce qu'ils n'ont pas l'expérience de la chose. L'étude de l'éducation des arbres fruitiers n'est pas l'affaire d'un jour, c'est celle de toute la vie. Quand un jeune homme a travaillé, ou pour mieux dire qu'il a vu travailler au Luxembourg, à Montreuil, chez M. Noisette, ou au jardin des plantes, pendant une seule campagne, il s'imagine être à la hauteur du siècle, et se croit déjà un grand homme parce qu'il a vu des arbres étiquetés dont il a retenu les noms; mais si on lui apportait l'arbre sans étiquette, il se trouverait de suite en défaut. Cependant la science a marché, depuis une trentaine d'années on a beaucoup semé et beaucoup obtenu; nous possédons présentement cinq doyennés, sans les variétés qui paraîtront incessamment, une grande quantité de beurrés, bergamottes, bons chrétiens et pour peu qu'un individu ait du goût et de la réflexion, il doit aisément s'apercevo que ces quatre séries de poiriers ont une végétation tout à fait différente les unes des autres, et qu'en conséquence on ne peut appliquer un traitement uniforme à toutes sans introduire la confusion et le désordre parmi les espèces les plus vigoureuses.

Lorsqu'on veut planter un contre-espalier en poiriers, il faut, à 3 ou 4 mètres du mur, faire établir un treillage de la hauteur de $1^m,30$, planter à la distance de 6 mètres des quenouilles greffées sur coignassier, les rabattre à quelques centimètres au-dessous de la hauteur du treillage, et pour mieux tirer parti du treillage, on peut planter également un double rang du côté de l'espalier avec l'attention de disposer les arbres entre ceux du côté opposé afin que les racines ne se trouvent pas entrelacées les unes dans les autres. Par ce moyen on obtiendrait une double récolte sans avoir fait beaucoup plus de dépense, et le propriétaire en se se promenant aurait à droite et à gauche de beaux tapis de verdure accompagnés de fruits de toutes sortes de formes et qualités. A $0^m,60$ du treillage, en dehors comme en dedans de l'allée de l'espalier, on pourrait planter en bordure quelque chose d'utile, comme des fraisiers des plus belles espèces, du persil, de l'oseille, de la pimprenelle, ou bien des plantes d'agrément, comme violettes de Parme et des quatre saisons, double violette ou bleue, mignardises, toutes plantes qui ne s'élèvent pas assez pour pouvoir intercepter l'air si nécessaire aux espaliers; puis faute de labours, donner un binage ou ratissage, chaque fois qu'il sera nécessaire, avec un coup de râteau, pour la propreté d'un jardin. La suppression de la culture des légumes dans les espaliers a encore l'avantage d'éloigner les insectes qui vivent parmi les légumes, comme les limaces, les limaçons, les perce-oreilles et autres qui, sortant de leurs cachettes, grimpent sur les murs et vont dévorer les pêches, les poires, etc. Comme le soleil leur est fatal, ces animaux n'osent pas voyager pour arriver à l'espalier, et s'il en parvient la nuit par hasard, comme il est facile de s'en apercevoir, il est très-aisé de les détruire soit au passage ou autrement; leur nombre d'ailleurs n'étant pas aussi considérable, le jardinier, dans ses allées et venues, pourra saisir jusqu'au dernier.

Comme les poiriers de ce contre-espalier se trouvent à une distance qu'ils ne rempliront que dans quelques années, on pourrait, pour accélérer la jouissance, planter entre eux un pommier paradis qui aurait le temps de rapporter beaucoup de fruit avant que les poiriers soient parvenus à se toucher.

Un amateur de jardins qui voudrait planter des poiriers espaliers en certaine quantité, et qui serait curieux d'avoir promptement des fruits, aurait un moyen qui n'a encore été employé nulle part, mais qui serait d'un succès certain: ce serait de faire creuser des trous de $1^m,30$ de largeur sur $0^m,70$ à $0^m,80$ de profondeur, mais surtout que ce soit dans un terrain neuf: autrement il faudrait enlever la terre des trous et en rapporter d'autre; se procurer des poiriers égrins de première force, c'est-à-dire les plus beaux et les plus droits qu'il serait possible de trouver, les enlever avec toutes leurs racines, s'il est possible, les planter sans en supprimer aucune, approcher l'arbre le plus près du mur qu'on pourra, insérer la terre entre les racines avec la main, secouer ou soulever l'arbre à plusieurs fois afin qu'il ne reste pas de cavité entre elles, appuyer ou pousser l'arbre près du mur de manière que par son inclinaison le haut de la taille touche au mur, car ces arbres devront avoir été débarrassés de toutes leurs branches avant de les transplanter, et même avant d'être déplantés, si on le juge plus convenable ; puis quand le trou sera rempli, marcher en appuyant légèrement la terre tout autour du trou ; par cette petite opération la terre se trouve pressée un peu près des racines, et cela suffit, les pluies, les neiges et l'affaissement naturel feront le reste. Mais il faut bien se garder de marcher et piétiner sur les racines, comme malheureusement je le vois faire trop souvent.

Les arbres ainsi traités devront rester ainsi jusqu'au printemps de leur deuxième année, où ils seront greffés par un procédé nouveau et tout particulier. Si je dis qu'ils doivent rester jusqu'au deuxième printemps, c'est seulement pour qu'ils soient mieux repris et que les greffes puissent donner de plus belles pousses, car ils peuvent être également greffés le printemps qui suit la plantation. Les soins qu'il convient de leur donner consistent à tenir la terre nette de mauvaises herbes, à supprimer les bourgeons qui devront naître sur le corps afin d'envoyer la séve dans le haut de l'arbre ; si l'été est sec, à leur donner de temps en temps une voie d'eau pour les aider à bien s'enraciner dans le sol; puis au printemps suivant, et, au plus tard, la deuxième année, vers la fin de mars, ou au commencement d'avril, on procédera ainsi qu'il suit, avec des greffes choisies et coupées à l'avance ; on taille ces greffes par petits tronçons, sur lesquels il doit y avoir trois yeux, on amincit en biseau le côté opposé à l'œil inférieur sur une longueur de 2 à 3 cent. jusqu'à la moelle, ou davantage, si l'on veut ; on taille en coin l'autre côté inférieur à l'œil sur une longueur de 7 à 8 millim., on fait une légère incision à l'écorce, comme si on voulait faire une greffe en écusson, on soulève les deux parties de l'écorce dans la partie supérieure de l'incision, et on introduit la greffe en posant directement le côté plat de la greffe du côté de l'arbre, on la fait descendre en appuyant pour la faire couler jusqu'à ce que son talon soit entré positivement sous la lèvre supérieure de l'incision ; l'arbre étant ce qu'on appelle en séve, cette opération est très-facile à faire ; mais voici comment on dispose les incisions : comme ces greffes ne se posent que sur les deux côtés de l'arbre, pour en faire une véritable quenouille en éventail, on place la première incision à $0^m,30$ du sol, et de $0^m,15$ en $0^m,15$, on fait une nouvelle incision jusqu'à ce qu'on ait atteint l'extrémité de la hauteur du sujet, ce sujet aurait 4 à 5 mètres de hauteur, qu'on pourrait ainsi le garnir de greffes parallèles en opposition sur les deux lignes latérales. Du reste, il faut être muni de matière ou onguent à greffer susceptible d'être employée, et aussitôt qu'une ligne de greffes est finie, il faut de suite garnir les greffes de manière que l'air, la pluie et le hâle ne puisse leur nuire. Il n'est pas nécessaire de les maintenir par une ligature quelconque, la solidité de l'écorce suffit pour les serrer suffisamment près de l'aubier. Comme il y a deux yeux à chaque greffe, il est inutile de les conserver tous deux; lorsqu'ils pousseront il faut supprimer le plus élevé des deux, conserver l'autre pour le palisser de bonne heure afin que le vent ne le détruise pas.

Il arrive assez souvent que le troisième œil qui se trouve caché sous l'onguent avec lequel on a recouvert l'incision vient à percer et à se faire jour à travers. Il serait préférable de conserver ce troisième œil au préjudice des deux autres, pour la régularité de l'opération, cette greffe ayant l'avantage de ne former aucune protubérance, et cet œil sortant exactement de l'écorce aurait l'air d'une véritable greffe en écusson.

Toutes les greffes devront être palissées soigneusement de manière à former des lignes droites tout à fait horizontales, lesquelles étant soigneusement ébourgeonnées devront rapporter des fruits dès la deuxième année. En pratiquant de la manière indiquée, cette greffe a le mérite de former un arbre régulier dans la première année; la séve n'ayant d'autres issues que les greffes, se partage assez également dans toutes et ne peut manquer de donner une végétation à peu près égale partout.

Si le sauvageon n'atteint pas jusque sous le chaperon du mur, on peut y suppléer en plantant à l'extrémité une greffe en fente de laquelle on obtient les branches nécessaires pour continuer la forme de l'arbre jusqu'au haut du mur. Forsith, jardinier du roi d'Angleterre, avait imaginé le premier de former des poiriers d'espaliers qui étaient larges par le bas et diminuaient de largeur par le haut, en sorte qu'ils représentaient une véritable pyramide; aujourd'hui on préfère les arbres de forme carrée, mais le contraire arrive souvent, et la partie du haut de l'arbre est presque toujours plus large que celle du bas, en sorte que l'objet qu'on se propose est presque toujours manqué ; de plus il faut plusieurs années avant qu'une quenouille de poirier de 1 mètre de haut puisse parvenir à garnir un espace un peu considérable jusqu'à la hauteur de 3 mètres, qui est celle des murs ordinaires, tandis qu'en plaçant ainsi les branches à la main et aux distances qu'il convient les unes des autres, on construit un poirier d'une certaine régularité en très-peu de temps.

Avec cette greffe un curieux ou un amateur pourrait facilement se donner le plaisir de mettre sur un même sujet autant d'espèces de poires qu'il y aurait de branches; il ne lui en coûterait pas plus de travail.

Cette greffe peut être employée dans diverses circonstances; ainsi, lorsqu'il se trouve un vide, une lacune, sur quelque branche principale, on peut placer une ou plusieurs greffes suivant le besoin. Si un poirier en pyramide est dégarni par le bas, on peut réparer cette difformité en plaçant autant de greffes qu'il est nécessaire. Si dans le haut d'une pyramide, et par un pincement trop sévère, on a provoqué une nudité, on peut de suite y remédier en y plantant une petite greffe.

Quand j'ai imaginé cette manière de greffer je ne pensais pas qu'elle serait applicable dans un si grand nombre de circonstances, mais aujourd'hui je vois qu'elle pourra être d'une grande utilité; dans un jardin, par exemple, où les poiriers auraient été négligés, on pourrait placer des branches partout où il en manquerait, sans que l'arbre en souffrît le moins du monde; on pourrait apposer sur un vieux arbre, comme sur un jeune, pourvu qu'il y ait suffisamment de séve. Pour pouvoir faire couler la greffe dans l'incision, il ne faut qu'un peu de pratique et d'habitude; je suppose, et cela peut bien arriver, qu'on ait l'intention de changer l'espèce d'une pyramide, on coupe proprement les branches à leur naissance, on rafraîchit la plaie avec une serpette, on fend un peu l'écorce, on la soulève légèrement et on introduit une greffe à la partie inférieure de la plaie, et pour terminer on en place une en haut pour former la flèche. Si la pyramide était régulière, il n'y a rien à faire de plus, mais si par hasard il manquait quelque branche, il faudrait la créer en plantant une greffe à la place qu'elle eût dû occuper. A mesure que les greffes s'allongent il faut les fixer avec soin le long du corps de l'arbre qui leur servira de tuteur, mais il faudra attacher un tuteur solide au haut de la tige pour pouvoir dresser le bourgeon qui doit former la flèche.

Un propriétaire de mes voisins avait dans le voisinage de sa maison un mur d'environ 5 mètres de hauteur, le long duquel il n'y avait rien de planté; il possédait non loin de là un poirier de Catillac greffé sur franc depuis environ douze ans, à la hauteur d'environ $2^m,50$; il me demanda si cet arbre, tout fort qu'il était, pourrait être déplanté parce qu'il avait l'intention de le mettre en espalier; je lui dis que je n'y voyais pas d'inconvénient, seulement qu'il fallait ouvrir un trou assez spacieux pour le recevoir et le déplanter avec le plus de racines possible. L'opération se fit soigneusement, je supprimai les branches inutiles, je le palissai, et d'un arbre de plein vent nous fîmes un bel arbre d'espalier, mais la hauteur de la tige laissait une nudité dans le bas de l'arbre qui déplaisait au propriétaire, il me demanda si je ne pourrais pas placer des écussons sur le corps de ce poirier pour remplir le vide. Je répondis que l'épaisseur de l'écorce rendait l'opération douteuse quant à des écussons, mais que s'il voulait attendre au printemps je lui poserais des greffes d'un genre tout différent qui rempliraient bien l'objet qu'il se proposait, et, en effet, lorsque la séve fut en circulation je lui plantai treize greffes de chaque côté, qui reprirent toutes, et qui produisent aujourd'hui des poires duchesse d'Angoulême sur une étendue d'au moins 8 mètres de largeur, et qui, si elles n'eussent pas été négligées, en auraient bien 12 à 13 mètres d'envergure. Quoique le Catillac eût beaucoup d'avance sur les greffes, puisqu'il était planté depuis trois ans, celles-ci ont cependant vécu assez largement pour aller de pair avec lui. J'ai fait voir cet arbre dernièrement à plusieurs personnes, et notamment à M. Pauchet, botaniste au jardin des Plantes de Paris. Ce poirier est curieux en raison de sa forme et en ce que son semblable n'existe peut-être nulle part.

Il y a des variétés de poiriers qui ont une manière de végéter tout à fait différente de celle des autres; telles sont les variétés de bon chrétien d'été, celui d'hiver, la crésanne, l'épargne, la royale d'hiver, le Saint-Lezin, le beurré d'Amanlis; leurs rameaux sont presque toujours inclinés vers la terre, en sorte qu'il est assez difficile d'en faire des pyramides agréables, mais la plupart fructifieraient bien en tiges de plein vent, on pourrait même s'en servir dans l'ameublement des jardins pittoresques ou d'agrément. Pour cela je prendrais des sujets de 3 à 4 mètres d'élévation, et après en avoir supprimé la tête j'y substituerais trois greffes dans le genre de celle que je viens d'indiquer, mais au lieu de les placer verticalement, je les mettrais en sens contraire, c'est-à-dire, à rebours ; l'action de la sève se portant toujours vers le haut de l'arbre, il n'y a aucun doute que les greffes recevraient une nourriture abondante. Pour cela je fais l'incision en manière de T renversé, je soulève un peu l'écorce, ma greffe étant taillée comme je l'ai indiqué précédemment, je la glisse en remontant jusqu'à ce que le talon de celle-ci soit appliqué sur l'aubier du sujet, puis je recouvre de suite avec l'onguent. Cette greffe ne court aucun risque d'être endommagée par la pluie, l'incision étant faite à la manière des Provençaux. Lorsque ces greffes entrent en végétation elles ne risquent pas d'être cassées par le vent; à mesure qu'elles s'allongent on peut les fixer avec un jonc sur le corps du sujet qui leur sert de point d'appui. A la deuxième année on pourra les attacher à un ou deux petits cerceaux de différentes grandeurs pour commencer à leur donner la forme d'un parasol, et ainsi d'année en année. La nature a ses lois qu'on ne peut pas enfreindre, nous ne pouvons pas faire d'un arbre rampant une tige, nous ne pouvons que le transplanter sur un sujet élevé avec lequel il a analogie pour en faire un objet d'utilité ou d'agrément. L'opération en question peut procurer l'un et l'autre, car ces espèces donnent d'abord de belles fleurs, des fruits délicieux, et un abri contre la pluie et la chaleur.

Lorsqu'on veut former ou élever des poiriers en pyramide, le traitement est le même dans la pépinière que pour les nains jusqu'au moment où les greffes en œil doivent commencer à pousser ; je vais indiquer la méthode que les pépiniéristes emploient.

Du moment que les greffes commencent à pousser ils ont soin de nettoyer le pied du sujet de tous les bourgeons inutiles qui affameraient les greffes, puis ils mettent un tuteur près de chaque sujet pour attacher à mesure qu'il poussera le bourgeon qui doit former l'arbre avec des liens de paille ou de jonc ; les tuteurs sont d'une nécessité absolue pour maintenir le bourgeon contre l'effort du vent et en même temps pour le bien dresser le long du tuteur, car il est des variétés de poiriers dont les bourgeons se contournent tellement qu'il ne serait plus facile de les dresser si on les négligeait. Il y a des variétés qui poussent ordinairement de 1m,30 à 1m,60 de hauteur, d'autres qui poussent beaucoup moins, et le Saint-Germain est de ce nombre. Au printemps de la deuxième année on taille les greffes les plus vigoureuses à la hauteur de 1m,20 à 1m,50 ; les plus faibles restent intactes. Au moment où la végétation entre en activité, les individus taillés développent quatre à cinq forts bourgeons qui sortent des quatre ou cinq yeux les plus voisins de la taille, ceux qui n'ont pas été taillés étant moins vigoureux ne développent qu'un très-fort bourgeon, accompagné de quatre ou cinq autres beaucoup plus faibles. On conçoit que des plants qui sont à la distance de 0m,50 à 0m,60, n'ont pas assez d'air pour que les yeux inférieurs produisent des bourgeons qui seraient cependant bien nécessaires ; mais il en est ainsi, toute la sève se porte à l'extrémité du sujet et y développe de forts bourgeons, comme je viens de le dire ; ce n'est pas cependant avec ces bourgeons que l'on peut former la pyramide, ils sont absolument inutiles, et lorsque cette quenouille de deux ans sort de la pépinière pour être employée dans les jardins, celui qui est chargé de la plantation, s'il sait son métier, est obligé de les supprimer tous et d'attendre qu'il veuille bien s'en développer dans la partie inférieure de l'individu. Si les pépiniéristes connaissaient ou voulaient observer la marche de la sève ils pourraient y remédier ; mais occupés simplement de leurs intérêts et du soin de contenter une infinité d'acheteurs, qui ne sont pas non plus observateurs, qui ne demandent que des individus garnis de beaucoup de branches, ils laissent aller la végétation à son gré, sans s'inquiéter de l'avenir. Cependant s'ils voulaient un peu s'en occuper, ils pourraient vendre un peu plus cher avec une forme plus convenable, il suffirait que le maître pépiniériste fît un tour dans ses pépinières au temps où les bourgeons ont déjà une longueur de 12 à 15 cent. et de couper à deux feuilles tous les bourgeons qui seraient développés à la partie inférieure de la taille, en conservant seulement le bourgeon terminal qui doit à l'avenir continuer de former le corps de l'arbre, et si ce bourgeon lui-même prenait trop d'embonpoint, il faudrait le couper à moitié pour contrarier la sève et l'obliger à rétrograder, la forcer de donner des bourgeons dans le bas de l'arbre, car c'est dans cette partie qu'ils sont le plus utiles et de toute nécessité.

Il est des variétés, telles que l'épargne et le bon chrétien d'hiver, le beurré magnifique, etc., qui poussent d'une manière si gigantesque que le corps de l'individu est constamment dépourvu de bourgeons, ce qui forme une nudité des plus désagréables; cela n'arriverait pas si, comme je viens de le dire, on ébourgeonnait soigneusement; il n'est pas d'acheteur qui se refusât à payer un poirier un ou deux sols de plus pour avoir un individu déjà formé, ce qu'il ne peut souvent obtenir par le procédé ordinaire qu'au bout de plusieurs années, et après avoir fait subir à son arbre plus ou moins de mutilations.

Il y a un moyen bien simple d'obtenir les premières branches horizontales pour commencer une pyramide, et le voici. Lorsque la greffe en écusson entre en végétation et qu'elle a acquis à peu près 0m,40 de hauteur, on peut la pincer; cette petite opération, qui ne paraît rien en elle-même, est cependant d'une grande utilité; elle force les yeux les plus voisins de s'ouvrir et de donner deux ou trois bourgeons qu'il faut soigneusement conserver, car on n'aurait obtenu ces bourgeons que l'année suivante par le procédé ordinaire et peut-être pas du tout; mais l'abondance de la sève qui a fait développer ces bourgeons a aussi prédisposé les yeux inférieurs à s'ouvrir, et à la taille prochaine il est probable qu'ils donneront des bourgeons dont on pourra se servir suivant le besoin. A la taille consécutive qui peut être faite à moitié de la longueur du bourgeon terminal et à deux ou trois yeux pour les autres, il s'en développera assez pour qu'on puisse former l'arbre à son aise, et à l'autonne le déplanter si l'on veut et le transplanter où l'on voudra. Ainsi par ce procédé on peut avoir en deux ans ce que l'on n'obtient quelquefois, et le plus souvent, que la quatrième année, et cela sans occasionner de plaies ni faire subir aucun mauvaistraitement à l'individu, qui, étant transplanté avec toutes ses racines, ne peut manquer de faire des progrès.

A la troisième taille, qui est celle de la plantation, il est naturel de tailler un peu plus court parce que le transport d'un endroit dans un autre et quelquefois à des distances assez éloignées, doit nécessairement causer quelque retard dans la végétation, mais néanmoins on doit tâcher d'utiliser tous les bourgeons qui se trouvent convenablement placés pour faire des branches horizontales; la distance entre elles doit être au moins de 0m,30 en tout sens, et, suivant l'ancienne méthode, il ne doit pas y avoir deux branches directement opposées, et au-dessus l'une de l'autre, mais elles doivent être en échiquier, c'est-à-dire qu'une branche supérieure doit se trouver à peu près au milieu de deux inférieures, afin d'éviter la confusion et qu'au moyen d'un ébourgeonnement bien soigné les fruits puissent profiter de l'air et du soleil.

Cet ébourgeonnement consiste à supprimer dès le mois de mai tous les bourgeons qui naissent au-dessus et sur les côtés des branches latérales, alternativement rangées autour du corps de l'arbre, comme une spirale. Ces bourgeons, aussitôt qu'ils ont acquis une longueur de 0m,15, doivent être coupés à une ou deux feuilles; la sève que ces bourgeons inutiles consommeraient en pure perte passe dans le bourgeon terminal de chaque branche, en passant elle nourrit les boutons à fruits et en forme pour l'année suivante. Les fruits attachés à ces mêmes branches profitent également de cette distribution de sève, et jouissant de toute l'influence de la lumière ils peuvent acquérir toutes les qualités qui constituent un beau et bon fruit, ce qui ne peut avoir lieu quand on est assez insouciant pour abandonner des poiriers à eux-mêmes; dans ce cas ils poussent une grande quantité de bourgeons inutiles qui consomment une grande partie de la sève, mais ils ne se forme que peu ou point de boutons à fruit, puis quand arrive le moment de la taille, autant de bourgeons, autant de plaies, que la sève s'efforce de recouvrir; l'année suivante même désordre, la stérilité continue, et au bout de quelques années on dit que les arbres ne se plaisent pas, qu'ils ne rapportent rien, et on finit par les arracher; on ne dit pas qu'on leur a refusé les soins qui leur étaient nécessaires.

On plante beaucoup de quenouilles parce qu'en effet ces poiriers donnent promptement du fruit, mais on en voit peu qui soient soignées convenablement. Je suis allé ces jours derniers, par pure curiosité, voir des arbres plantés depuis vingt-cinq ans; ils sont greffés sur franc et de l'espèce connue sous le nom d'épargne ou beau-présent; ces arbres, bien verts, poussent vigoureusement, et n'ont jamais donné un seul fruit, ils sont en espaliers à la meilleure exposition, qui est celle du midi, et dans un excellent terrain; s'ils eussent été bien soignés, ils pourraient facilement couvrir une étendue de 15 à 16 mètres de longueur sur 3 de hauteur, et le plus grand n'a pas 6 ou 7 mètres d'étendue. Il est surprenant que dans une maison où l'on change souvent de jardinier il ne s'en soit pas rencontré un seul qui ait été assez intelligent pour leur faire donner des fruits, et comme les labours d'espaliers sont de rigueur chez tous les routiniers, le jardinier chef recommanda à ses garçons que lorsqu'ils arriveraient aux arbres dont je parle, de faire couper une partie des racines afin, dit-il, de les faire mettre à fruit; ces jeunes gens m'ont fait voir celles qu'ils avaient coupées à coups de pioche; il y en avait d'aussi grosses que le bras; le maître jardinier, s'il est possible de donner ce nom à un bourreau de cette espèce, avait bien pensé à faire couper les racines de ses arbres, mais il a oublié de les ébourgeonner et de les palisser; il a donc des bourgeons de l'année qui avancent dans la plate-bande au moins de 1 mètre qu'il va falloir couper d'ici à deux mois; que de plaies! que de mutilations, pour le plaisir de les faire! il vaudrait beaucoup mieux n'y pas toucher du tout; les arbres auraient les souffrances de moins, et la Providence aidant ils pourraient toujours payer leur place par les fruits qu'ils pourraient rapporter.

Le poirier est un arbre très-docile, il n'est pas du tout nécessaire d'employer la violence pour en venir à bout, il prend toutes les formes qu'on veut lui donner, il se soumet à tout et donne des fruits sous toutes les formes possibles. Il est des personnes qui ne peuvent s'empêcher de lui faire des plaies, des torsions, des courbures, des incisions annulaires, tous procédés qui sont inutiles; on n'a pas besoin de tout cela pour bien traiter un arbre et le rendre fructueux. Pour avoir un beau poirier en pyramide il n'est pas nécessaire de le violenter, la nature a ses lois que nous pouvons un peu modifier, mais il est tout à fait inutile de maltraiter des végétaux qui nous procurent de si bons fruits, puisqu'un jardinier habile peut arrêter la sève et l'envoyer où bon lui semble, par la simple opération de l'ébourgeonnement; il devient absurde de mutiler sans cesse ces pauvres arbres, car puisqu'un arbre en pyramide qui a acquis trois ou quatre années de greffe doit être dressé, il n'y a pas de changement à lui faire subir pourvu qu'on ait soin de bien dresser chaque branche avec un seul bourgeon terminal, et de soigner celui qui forme la flèche en lui mettant un tuteur au besoin pour le soutenir et le défendre des grands vents; on est presque toujours certain de maintenir l'équilibre dans toutes les autres parties.

Quoiqu'un ébourgeonnement doive se faire avec régularité, il est quelquefois des circonstances où un habile jardinier peut et doit même s'écarter de la méthode ordinaire surtout lorsque ses poiriers poussent vigoureusement. On peut conserver dans le dessous des branches, quelques bourgeons les mieux disposés, les mieux nourris, qui se garnissent ordinairement et en peu de temps, de beaux boutons à fruits; dans beaucoup d'espèces même ils en sont déjà pourvus au moment où on les conserve. S'ils sont peu longs et qu'on ne veuille pas qu'ils soient apparents, on peut facilement les attacher à la branche au moyen d'un petit osier, et j'ai vu de ces petites branches ainsi conservées se charger de très-beaux fruits; c'est un moyen qu'on peut employer fréquemment pour calmer la trop grande vigueur d'un arbre; après la récolte et au moment de la taille, on peut le supprimer sans qu'il y paraisse; ce procédé n'est pas aussi funeste au poirier que celui de lui couper ses racines. D'autres fois s'il se trouve dans le haut de l'arbre des bourgeons très-vigoureux, mais garnis de boutons à fruits dans toute leur longueur, comme cela arrive aux Epargnes, Saint-Germain, Beurré d'hiver, Duchesse d'Angoulême, etc., on peut les laisser entiers, les attacher au corps de l'arbre qui leur servira de tuteur, ou si cela n'était pas possible on pourrait leur en ajuster un et les y fixer solidement, afin que la pesanteur du fruit ne le dérangeât pas; après la récolte on fait tout disparaître si on le juge à propos, autrement on peut faire une seconde récolte et ménager un bourgeon à quelque distance de la naissance de la branche qui servira à la remplacer.

C'est ainsi qu'un jardinier intelligent, en suivant la marche de la sève, peut tirer parti du désordre même qu'elle cause dans certaines parties de l'arbre. Chaque branche latérale étant comme autant de petits arbres implantés sur une tige commune qui les nourrit toutes, il faut une sage distribution de la sève afin que l'une ne prenne pas d'empire sur l'autre; il est tout naturel de charger davantage de fruits celle qui domine pour l'affaiblir. Cette opération, en même temps qu'elle procure l'agrément de récolter des fruits, prévient le désordre que pourrait causer dans le voisinage sa suppression immédiate en envoyant une trop grande quantité de sève dans les gemmes qui seraient disposés à former des boutons à fruits et en les faisant dégénérer en boutons à bois qui donneraient des bourgeons au lieu de fleurs.

On plante tous les ans une quantité prodigieuse de quenouilles, et cependant on voit très-peu de jardins qui méritent l'attention des hommes de l'art; on compterait bien facilement les jardins où il s'en rencontre qui soient dirigés avec intelligence et d'après les principes généralement reconnus. Il existe cependant de bons modèles à suivre en ce genre. Si les jeunes gens qui se destinent au jardinage voulaient s'instruire, il leur serait facile d'étudier les belles pyramides du jardin des Plantes de Paris; elles sont traitées d'après une méthode simple, mais rigoureusement observée, pouvant être pratiquée par toute personne qui a du goût pour l'horticulture; le jardin des Plantes renferme une école unique en ce genre, et qui ne peut manquer de devenir de plus en plus intéressante, étant dirigée par un praticien dont les talents sont au-dessus de tout éloge; M. Cape est d'ailleurs un homme qui explique très-clairement les divers principes de l'art de l'arboriculture.

On a détruit à Paris, rue de Reuilly, faubourg Saint-Antoine, un superbe jardin appartenant à M. Vilmorin, qui y avait fait les dépenses nécessaires; et quoique ce fût un sol ingrat, les poiriers y avaient réussi parfaitement; on y voyait une grande quantité de pyramides d'une grande beauté, parfaitement dressées et soignées. Le terrain était très-léger et cependant les arbres végétaient admirablement; il y avait un poirier de Vallée dont la flèche avait atteint une hauteur de plus de 16 mètres. Les branches de la base de l'arbre portaient plus de 6 pieds d'étendue toutes taillées; il était d'une grande fertilité, malgré l'ingratitude du sol, et il fallait que ses racines s'étendissent à une grande distance pour pouvoir suffire à une végétation aussi extraordinaire. Tous ces arbres étaient greffés sur franc, aussi le vent n'avait aucune prise sur eux; ils étaient fermes sur leurs pieds, et parmi eux on remarquait aussi un bonchrétien d'été d'une végétation étonnante qui donnait des fruits d'une grande beauté; il serait difficile aujourd'hui de rencontrer des poiriers aussi bien dirigés: c'était là que des jeunes gens de province venaient prendre des leçons de taille et d'ébourgeonnage, de greffes et de plantations. A l'époque dont je parle, de 1800 à 1806, on voulait s'instruire. L'argent était compté pour peu de chose, mais aujourd'hui les hommes de vingt ans se croient savants et ne connaissent que l'argent, les talents sont regardés comme nuls, et on considère comme perdu le temps qu'on passe à s'instruire.

Il existe à Ville-d'Avray, près Sèvres, un beau jardin appartenant à M. Lucos, amateur d'arbres fruitiers, qui possède les plus beaux poiriers pyramidaux des environs de Paris. Secondé par un très-habile jardinier, élève de la maison Vilmorin, il a fait une plantation des plus remarquables en poiriers duchesse d'Angoulême et doyenné d'hiver. J'ai la conviction qu'il n'est pas un propriétaire qui récolte autant de fruits de doyenné d'hiver que cet amateur. Son jardinier m'a fait voir, dans l'hiver de 1839, son fruitier qui contenait non-seulement une grande quantité de différentes variétés de poires, mais au moins deux mille belles poires choisies de doyenné d'hiver, et comme ce fruit se conserve jusqu'en juillet et août on peut avec cette excellente poire atteindre facilement l'autre récolte.

Je connais un individu à qui j'ai vendu des doyennés d'hiver il y a quelques années; il me rencontra au mois de juillet dernier, et me dit qu'il avait encore vingt-deux poires de doyenné d'hiver, desquelles on lui offrait quarante-cinq francs; il ne voulut pas les vendre; il préférait, m'a-t-il dit, les manger ou en faire cadeau comme une curiosité pour la saison, et, en effet, cette poire est une des plus méritantes, n'étant pas sujette à la pourriture, ne mûrissant que successivement; ordinairement très-verte, elle jaunit en mûrissant, en sorte qu'on peut toujours être sûr de manger une délicieuse poire lorsqu'on la choisit d'un beau jaune. Dans les fruitiers très-aérés elle se fane un peu, mais elle n'en est pas plus mauvaise. Celui qui a obtenu ce délicieux fruit a mérité une récompense. Les amateurs et horticulteurs lui doivent de la reconnaissance. Le doyenné d'hiver a été fort bien nommé, car sa manière de végéter, son bois, son feuillage, sa floraison, tout annonce un véritable doyenné. Les propriétaires ne peuvent jamais trop en planter, l'arbre étant d'une grande fertilité.

Le poirier sauvageon ou franc est en.

core d'une grande utilité pour former des haies autour des clos ou pour border les chemins vicinaux et ruraux ; on peut le planter ou le semer en place : si on le sème, il faut donner un labour au terrain à environ 40 centimètres de profondeur sur une largeur de $0^m$,45 à $0^m$,60, placer tout le long du terrain un palis d'échalats ou bien une haie d'épines sèches pour préserver le semis des dégâts qui sont toujours inévitables le long des chemins, tracer un rayon d'environ 5 centimètres de profondeur, répandre les graines ou pepins, puis appuyer légèrement avec le pied pour fixer un peu les pepins à la terre et les recouvrir de suite de 2 à 3 centimètres de la terre du sol sans adjonction d'aucun engrais. On donne un coup de râteau pour unir parfaitement le terrain et enlever les pierres qui pourraient se trouver à la superficie. Si cet ensemencement a été fait un peu de bonne heure, c'est-à-dire vers le mois de décembre, les pepins doivent bien lever et peuvent acquérir pendant l'été la hauteur d'environ $0^m$,30 ; il n'y a pas de danger de semer un peu dru, parce que, comme il n'y a qu'un seul rayon, le plant ayant beaucoup d'air peut toujours prendre assez de force. Cette essence d'arbre n'est jamais perdue; en l'éclaircissant on en peut faire une pépinière où on les retrouve au besoin ; mais pour la haie il faut toujours rigoureusement que les plants se trouvent au moins à $0^m$,16 de distance, à la deuxième année ils auront déjà acquis $0^m$,70 à $1^m$, mais il faut avoir le soin de les tenir nets de mauvaises herbes et donner des binages chaque fois qu'il sera nécessaire ; car si les liserons ou autres plantes s'emparaient du terrain, les plants seraient bientôt étouffés. A la quatrième année, les plants devront être assez hauts pour pouvoir être réglés à la hauteur qui conviendra au propriétaire. Cette hauteur est ordinairement de $1^m$,30 ; mais elle peut être fixée à $1^m$,65 et à $2^m$, suivant certaines circonstances locales, le poirier se prêtant volontiers à toutes les formes et hauteurs que l'on veut lui donner. On peut, pour plus de solidité, attacher les branches et les entrelacer les unes dans les autres, ou par suite elles se greffent d'elles-mêmes par approche ; de cette manière une haie de poiriers sauvages devient impénétrable, son bois étant d'une grande tenacité et les épines dont il se trouve armé étant souvent très-longues et dirigées en tous sens. Si une haie de cette nature se trouve placée le long d'un chemin vicinal, on peut ménager de place en place et à la distance de 4 mètres quelques-uns des sujets les plus vigoureux, et les élever à tiges pour les greffer de bonnes espèces qui, plus tard, pourraient payer leur place en même temps qu'ils marqueraient agréablement la limite du chemin. Si la distance de 4 mètres est trop rapprochée pour un arbre de cette nature, il serait facile d'en déplanter un entre deux quand on le voudrait pour porter ailleurs. Sans rien déranger dans l'ordre établi ; ainsi ils se trouveraient à 8 mètres au lieu de 4, cette distance étant encore assez rapprochée pour que les arbres parviennent encore à se toucher en peu d'années.

Si c'est une haie plantée qu'on veut faire, il faut également défoncer le terrain, soit qu'on ait le plant chez soi ou qu'on se le procure ailleurs ; il faut qu'il soit taillé de la longueur d'environ $0^m$,20, et après que le palis ou la clôture provisoire sera placé, tracer au cordeau une ligne, et avec un plantoir placer les plants à $0^m$,15 les uns des autres, avec l'attention d'enfoncer assez le plant pour qu'il n'excède le niveau du sol que de deux yeux, puis avoir le plus grand soin de sarcler à mesure que les mauvaises herbes menaceront d'envahir le terrain, donner de temps en temps de légers binages pour maintenir la propreté : c'est le seul travail à faire jusqu'à ce que la haie soit assez forte pour avoir besoin d'être réglée en dessus et sur le côté. On peut également dans celle-ci choisir les sujets les mieux faits et les plus vigoureux pour greffer, afin d'utiliser le terrain et en même temps orner le chemin.

Il y a des propriétaires qui, croyant bien faire, et dans la vue de donner plus de solidité et de force, plantent leurs haies d'aubépine sur deux rangs : ceci est très-bon pendant quelques années ; mais par la suite l'intérieur des rangs se dégarnit, la sève s'épuise dans des pousses en dehors des deux côtés, elle abandonne le bas pour se porter violemment dans le haut, de manière qu'il est difficile de la tenir d'aplomb avec le croissant. Tout cela fait un singulier effet ; le pied des aubépines étant une fois dégarni de petites branches, la sève les ayant abandonnées, quelques pieds périssent çà et là au point que les chiens, et successivement d'autres animaux, peuvent facilement la traverser. Le moyen de la rétablir, c'est, en terme d'horticulture, de la rapprocher, c'est-à-dire tailler jusque sur le corps ; la régler pour la hauteur une seconde fois, puis remettre quelques plants pour regarnir les vides causés par le défaut d'air et quelquefois par le ravage des vers blancs. Les anciens connaissaient bien cet inconvénient ; ils plantaient effectivement sur deux rangs les haies de défense, mais au à moins 0m,65 de distance, afin que l'on puisse donner un coup de croissant sur chacun des côtés ; l'air circulant librement de tous côtés, c'était comme une seconde palissade qu'il n'était pas facile de pénétrer ; mais aujourd'hui on est un peu plus avare de terrain, et alors on devrait ne planter que sur un seul rang, comme avec le poirier sauvage : celui-ci une fois réglé devient d'une solidité singulière.

Il est des terrains où on prétend que le poirier franc ne peut pas vivre, et notamment à Vitry près Paris, ainsi que dans toute la longueur de la plaine dite de Longboyau, depuis Vitry, Villejuif, et en suivant Rungis, Morangis et jusqu'à Savigny, puis de l'autre côté depuis Thiais jusqu'à la Cour-de-France. Les cultivateurs pépiniéristes de Vitry ont des pépinières dans toute cette contrée; tous s'accordent à dire que le poirier franc ne veut pas prospérer dans leur terrain, mais le motif ils ne le disent pas. Tous ces terrains sont cependant excellents et de première qualité : pourquoi ne pourrait-on pas avoir des poiriers comme ailleurs ? Or la raison principale, la voici : il faut compter cinq ans pour faire un bel égrin, il n'en faut souvent que deux et au plus trois pour faire un poirier tige sur coignassier. Les pépiniéristes trouvent beaucoup plus d'avantage à faire des tiges de mauvais poiriers sur cognassier que de se donner la peine d'élever des tiges de poiriers francs qu'ils ne peuvent souvent pas vendre plus cher que ceux sur coignassier ; puis ils ont une manière de se tirer d'affaire avec les personnes qui leur demandent des poiriers greffés sur franc : ils ont chez eux des espèces de poires d'une nature très-vigoureuse qui sont greffées sur coignassier, tel que le sucré-vert ou autres semblables qui forment facilement une tige en deux ans. Au printemps de la troisième année, ils coupent la tête du sucré-vert et lui substituent deux greffes en fente, soit d'Angleterre, Catillac, ou toute autre espèce qu'on demande à tige assez ordinairement pour les vergers; de sorte que le propriétaire qui croit avoir des poiriers francs, n'a en réalité que des arbres sur coignassier, incapables de jamais remplir ses vues, à moins qu'on ne les opère de la manière que j'ai indiquée ci-dessus.

Il y a encore d'autres motifs pour lesquels les poiriers francs ne réussissent pas bien chez les pépiniéristes de Vitry : ces excellents cultivateurs ne négligent aucune dépense dans l'espoir d'avoir de beaux arbres, et il est à la connaissance de tout le monde qu'ils y reussissent assez bien ; quand ils préparent leur terrain, ils emploient une quantité considérable de fumier qu'ils enterrent au fond de leur jauge de défoncement, puis on plante immédiatement. Mais dès que les jeunes racines arrivent à cette couche de fumier encore entier fraîchement enterré, elles se trouvent contrariées, trouvent là une nourriture qui ne leur convient pas, et restent dans l'inaction plutôt que de chercher à pénétrer le fumier dont l'odeur rebutante les éloigne. Dès ce moment les plants restent dans un état de langueur qui porte le cultivateur à croire que c'est la terre qui ne convient pas ; et comme il a employé le fumier avec bonne intention, il ne peut s'imaginer que c'est justement ce même fumier qui est la cause de l'espèce de malaise que paraissent éprouver la plupart des plants. J'ai vu des plantations de poiriers sauvageons faites ainsi, auxquelles on ne refusait aucuns des soins ordinaires, et que les cultivateurs étaient dans la nécessité de détruire, désolés d'avoir sacrifié du terrain et une main-d'œuvre onéreuse et inutile.

Dans d'autres circonstances où le cultivateur n'emploie pas de fumier, il plante les plants trop rapprochés, de manière que même les plus vigoureux sont faibles de corps, parce que, dans l'intention de vendre le plus tôt possible, il se dépêche de supprimer tous les bourgeons qui se trouvent le long de la tige. Par cette opération il retire à celle-ci le moyen de grossir, et, comme l'on dit, il l'empêche de prendre du corps ; mais enfin on vend toujours les plus forts, mais les autres qui sont fluets ou faibles de corps, qui ont été obligés de s'élancer pour jouir de la lumière, ne peuvent se soutenir, la hauteur de leur tige les fait se courber. Or, pour remédier à cet inconvénient, on leur coupe la tête à la hauteur de 2 mètres à 2m,30 pour, dit-on, les régler et leur faire prendre du corps ; mais ce procédé a l'inconvénient de refouler la sève dans les racines et de les empêcher de fonctionner; cependant l'arbre donne trois ou quatre bourgeons au haut de sa tige qui lui forme une tête, puis on se dépêche encore de nettoyer toutes les petites branches qui sont le long du corps; celles-ci, qui étaient comme les nourricières de la tige, étant supprimées, la sève n'ayant plus aucune issue, et arrêtée dans sa marche habituelle, est obligée de refluer vers les racines dont les fonctions sont suspendues par ce reflux. A compter de ce moment l'arbre reste dans un état d'éthisie, les bourgeons dont le tête est composée étant trop éloignés pour pouvoir débarrasser les racines, l'écorce se resserre, se comprime, le corps de l'arbre ne grossit plus, même les petites plaies qu'on a faites en supprimant les bourgeons ont de la peine à se recouvrir; l'écorce, au lieu d'être d'un beau vert luisant, devient terne, couverte de taches blanches ou brunes qui sont les avant coureurs des lichens et des mousses qui prétendent déjà s'y établir; les bourgeons de la tête deviennent courts et maigres, les feuilles petites et étroites, et si ces arbres restent encore quelque temps ils jaunissent pour la plupart, l'extrémité des bourgeons noircit ou se dessèche; il est bien temps alors de les enlever et le replanter ailleurs si on ne veut pas les perdre entièrement. Puis on dit que la terre ne convient pas, que les arbres ne se plaisent pas; mais, avec des soins plus rationnels et tels que ceux que j'ai indiqués plus haut, on n'arrive pas à ces tristes résultats.

Nous cultivons les diverses variétés de poiriers, nous les greffons de toutes les manières, nous les taillons et leur donnons la forme qui leur convient, et cependant nous ne connaissons guère leur port habituel dans la nature, nous ne savons pas à quelle hauteur la nature leur a permis de s'élever, ni quelle est la différence établie entre eux pour la disposition physique de leurs branches, lorsqu'ils sont abandonnés à eux-mêmes. On a fait des buissons, des éventails, des pyramides, l'art s'est emparé des variétés de poires à mesure qu'elles ont paru; mais on n'a jamais cherché à se rendre compte de la physionomie naturelle de l'individu. Si l'on avait une description exacte de chaque variété dans son état naturel, cela pourrait peut-être nous faire acquérir quelques connaissances que nous ignorons encore et que nous n'acquerrons jamais: la science ne marche qu'à force d'expériences et d'observations; c'est pourquoi nous ne pouvons avoir trop de sujets d'étude.

Le jardin des Plantes de Paris, à la vérité, possède une très-belle collection de poiriers en pyramide, mais c'est l'art qui les a formés; la nature est obligée de se conformer à la volonté du cultivateur. Si depuis longtemps on eût établi dans l'enceinte de ce jardin une collection de poiriers greffés sur franc, tous à la même hauteur, et tout à fait abandonnés aux lois que la nature leur a imposées en venant au monde, il y aurait aujourd'hui une riche collection d'individus plus anciens les uns que les autres, qui serviraient annuellement à instruire les agriculteurs, les horticulteurs, les artisans, les riches comme les pauvres; on pourrait s'instruire en se promenant; un seul individu par espèce eût suffi: avec son nom attaché ou fixé près de lui, les étudiants auraient eu l'agrément de voir les fruits sur les arbres et de se graver facilement leurs caractères dans leur mémoire. Je connais d'avance l'objection que l'on va m'opposer, en me faisant observer l'étendue du terrain qu'une aussi grande quantité d'individus auraient occupée; je répondrai que, sans rien déranger à l'ordre et à la symétrie qui existe dans la disposition de la ménagerie du Jardin des Plantes, on aurait pu planter avec ordre à des distances ordinaires, comme à 8 à 10 mètres les uns des autres, en suivant exactement les sinuosités des allées; les arbres se seraient suffisamment trouvés défendus par les treillages contre les avaries continuelles auxquelles ils sont exposés sur les bords des chemins vicinaux ou dans les vergers; ils n'auraient exigé ni labours, ni engrais, et auraient réussi d'autant mieux que tous ces terrains ont été beaucoup rechargés, et qu'une épaisse couche de terre végétale forme le fond du sol à une plus ou moins grande profondeur. On aurait pu former trois divisions bien distinctes, celle des fruits à couteau, des fruits à cuire et ceux à cidre. Si le jardin des Plantes possédait une plantation de ce genre, il aurait encore beaucoup plus de visiteurs; les jeunes gens qui se destinent à l'agriculture ou à l'horticulture, les propriétaires agronomes ou fermiers, les peintres, auraient tous intérêt de connaître les véritables noms des fruits qu'il leur plairait de cultiver ou de peindre; on se promènerait également aussi bien à l'ombre de poiriers qu'à l'ombre d'un frêne ou d'un sycomore. Puisque le jardin des Plantes est le dépôt général de tous les végétaux du globe, il n'était pas nécessaire de planter dans ce jardin des milliers de thuyas de Chine, d'érables, de frênes, etc., qui ne sont bons à rien, quelques individus de chaque espèce pouvaient suffire, sans représenter aux yeux du public toujours la même chose. Mais si le public voyait des poiriers brillants de santé, et à chaque pas changement d'espèce de fruits, il ne pourrait s'empêcher d'en témoigner son admiration. Il eût fallu aussi voir des sujets plantés d'avance et dans le même ordre que les autres pour pouvoir greffer de suite les nouvelles variétés de poires qui nous arrivent tous les ans. Avec une collection ainsi ordonnée, il faudrait encore que chaque espèce de fruits fût soigneusement récoltée et ouverte pour en avoir les pepins, qui devraient être semés par espèces bien numérotées et dans le même ordre que la plantation, afin qu'on puisse se rendre compte des produits de chacune. Tous ces plants devraient être replantés dans le même ordre que le semis, afin qu'on ne puisse pas commettre d'erreur; il serait satisfaisant de voir que telle poire nouvelle provient d'un beurré ou d'une bergamotte, etc. Nous avons des variétés dont les semis reproduisent parfaitement le bois et le feuillage de leur type; j'ai des duchesses d'Angoulême, des royales d'hiver, des beurrées royales qui ont une grande ressemblance avec leur père; reste à savoir ce qu'ils produiront. Mais il est urgent que le praticien qui serait chargé du soin de ces semis observe bien les plants qui diffèrent les uns des autres; car dans un semis de l'année bien portant, on peut déjà remarquer quelques caractères distinctifs qui annoncent une variété pire ou meilleure, le plus souvent très-médiocre; en y apportant beaucoup de patience et de persévérance, on obtient toujours quelque chose.

Il serait aussi de toute nécessité d'avoir un plant de coignassier qui soit prêt à recevoir les greffes des nouvelles variétés qu'on aurait pu remarquer; car, au lieu d'attendre un long espace de temps pour voir les fruits des individus qu'on aurait signalés, il serait plus rationnel de couper d'abord la tige du plant et de la planter sur des sujets coignassiers. Par ce procédé on accélérerait singulièrement la disposition de la plante à donner des fruits. Cette opération n'empêcherait pas de replanter le sujet rabattu et de le soigner jusqu'à ce qu'il ait donné du fruit, et quand même il ne donnerait rien de bon, il serait toujours un très-bon sujet pour en greffer d'autres. Les fruits greffés sur coignassier donnent ordinairement des fruits la troisième année lorsqu'ils sont greffés en écusson; mais comme la greffe en fente accélère la fructification, il se pourrait qu'on en obtînt dès la seconde année. Il est vrai que les fruits d'hiver sont un peu plus rebelles, et n'en donnent que la troisième ou quatrième année, tandis que les sujets francs ou de pepins sont souvent dix, douze ou quinze ans sans en donner; mais le Créateur l'a voulu ainsi, il a proportionné l'âge de la reproduction à celui de l'existence.

On pourrait m'objecter qu'il y a au jardin des Plantes une collection de poiriers pyramidaux : j'en conviens; mais cette collection ne contient pas des fruits à boisson, elle est close d'une palissade qu'il faut avoir un privilége pour franchir. Les arbres sont dirigés avec un rare talent, dont l'étude ne convient bien qu'à ceux qui se destinent à l'horticulture. Cependant la majorité de la nation ne serait pas fâchée de savoir si telle ou telle variété que vous dirigez avec tant d'art ne pourrait pas convenir en plein champ, et il y en a beaucoup qui sont dans ce cas et auxquels on ne pense pas, parce qu'on n'a pas de modèles et qu'on ne les connaît pas; tandis qu'avec une collection de plein vent, tout le monde pourrait s'instruire selon ses besoins et ses capacités. Les arbres pyramidaux sont d'ailleurs plantés beaucoup trop rapprochés, et d'ici à deux ans il est des espèces entre lesquelles on ne pourra plus circuler; et si cette portion du jardin avait une destination plus libérale, il serait impossible de pénétrer dans les allées aujourd'hui déjà trop étroites. Il est à présumer que le praticien qui a été chargé de la direction de cette plantation ne se doutait pas de la taille ou de l'étendue à laquelle peut parvenir un poirier franc.

Puisque le jardin des Plantes est le dépôt, le conservateur de tous les végétaux, le poirier mérite bien que les moindres variétés y soient admises aussi bien qu'un sumac ou un chou; rien ne devrait sentir la parcimonie, tout devrait être grandiose à l'exemple du Musée de Versailles; car au jardin des Plantes rien n'est inutile, à moins qu'il ne soit trop répété, comme cela se remarque assez communément.

Je n'ai jamais été à même de faire une expérience qui m'a toujours occupé: c'est de savoir quelle serait la forme naturelle que prendraient les variétés de bon chrétien d'été, la royale d'hiver, la cressane, l'épargne, la belle-deberri, et d'autres qui ont les rameaux assez souvent tout contournés et dirigés vers la terre, s'ils étaient affranchis et livrés à eux-mêmes, j'ai toujours présumé que, d'après leur manière de végéter, ils ne formeraient pas un arbre, mais un fort buisson à rameaux rampants que l'on ne pourrait classer que parmi les arbrisseaux. Ce serait cependant une chose facile à faire, et si la Providence m'accorde encore quelques années d'existence, je me promets bien d'en faire l'expérience; car, pour se rendre un compte exact, il faut absolument que l'essai soit fait sur des sujets francs de pied, le sujet agissant en plus lorsque la plante est greffée sur franc, et en moins lorsqu'elle est sur coignassier.

*Du poirier sur cognassier.*

Le cognassier est le sujet le plus généralement employé par les pépiniéristes pour la multiplication des poiriers; c'est un arbrisseau plutôt qu'un arbre, car il dépasse rarement la hauteur de 4 mètres; il est assez docile et on peut lui faire prendre toutes les formes que l'on veut; dans son état naturel, il forme une tête très-touffue; il n'est pas difficile à multiplier, se propage par ses semences, comme le poirier, mais ce moyen est peu usité, parce qu'on récolte rarement une quantité suffisante de ses fruits pour pouvoir en faire des semis considérables, et que la méthode de multiplication par branches enracinées est beaucoup plus expéditive et fournit des individus capables d'être plantés de suite en pépinière, et quelquefois greffés dans la même année.

Le cognassier peut aussi se propager par boutures, ses branches grosses ou petites, étant coupées par longueurs de 25 à 30 centimètres et mises en terre dans le courant de novembre, manquent rarement de s'enraciner. C'est un moyen facile de multiplication, mais il faut les laisser faire deux pousses à la même place et avoir soin de leur donner quelques arrosements en été pour maintenir leur végétation; ce n'est qu'au bout de la deuxième année qu'on peut lever le plant pour le mettre en pépinière. C'est la propagation par branches enracinées qui est la plus avantageuse; on obtient ces branches au moyen de sépées plantées dans des sillons d'environ $0^{m},30$ de profondeur; on rabat la terre et on la relève en butte autour des sépées; de cette manière, les branches s'enracinent parfaitement pendant l'été, et au mois de novembre on peut déjà sevrer ces branches près de la souche. Pour faire cette opération, il suffit de débarrasser la terre qui environne les sépées, la relever en ados; on coupe tout à son aise les branches le plus proprement possible pour être livrées au commerce ou être replantées à demeure en pépinière; on laisse le sillon ouvert, afin que la souche repousse de nouveaux jets qui, au bout de l'année, devront être buttés ainsi qu'il vient d'être dit Quelquefois, lorsqu'on veut obtenir de très-forts plants, on les laisse sur les mères une année de plus; alors on a des plants très-forts, susceptibles de pouvoir être greffés la même année ou à la Quintinie, ainsi que les pépiniéristes nomment cette greffe anticipée. Car il est bien plus convenable de laisser prendre de la force aux sujets et de ne les greffer que la deuxième année, comme cela se pratique dans l'Orléanais et chez tous les bons cultivateurs. Cette méthode de greffer à la Quintinie ne doit être pratiquée que dans des cas particuliers; il est facile de concevoir que les greffes faites sur des sujets de deux ans donnent une végétation bien plus belle que les autres qui ont à peine eu le temps de s'enraciner.

On peut aussi multiplier le cognassier au moyen de mères qu'on établit et dont on abaisse les branches ou jeunes scions que l'on enterre de quelques centimètres, puis relève et fixe le plus verticalement possible; ces marcottes prennent suffisamment racine pendant l'année pour être levées et mises en place.

On peut encore multiplier le cognassier par ses racines, que l'on coupe par petits tronçons de 12 à 15 centimètres de long, et que l'on plante soit au plantoir ou en rigole. Il ne s'agit que de les tenir bien nettes de mauvaises herbes, et de leur donner des arrosements pendant l'été; ces racines ainsi soignées seront devenues des plants assez forts pour être mis en place au bout de deux ans.

Le cognassier de Portugal est plus vigoureux que celui-ci, et se multiplierait de même si on l'adoptait; il a encore l'avantage de donner de très-beaux fruits, avec lesquels on peut faire des confitures très-saines, mais dont l'odeur ne convient pas à tout le monde. Comme on a toujours de la peine à abandonner les vieilles routines, on se contente d'en greffer quelques-uns sur le cognassier ordinaire pour le besoin du commerce, tandis qu'on pourrait en faire des plants avec autant de facilite que de l'autre, et qui conviendraient mieux pour la greffe, le bois étant naturellement plus gros, et les branches moins ramifiées. Je pense même que si on s'en servait pour greffer le saint-germain on obtiendrait une plus forte végétation; car dans toutes les pépinières, c'est toujours les poiriers de Saint-Germain qui sont les plus faibles, et il se pourrait que ce cognassier leur donnât une plus grande vigueur.

Comme le cognassier n'est pas indigène au climat de Paris, il arrive que dans des hivers rigoureux il est sujet à geler, surtout par ses racines; de manière que les poiriers auxquels il sert de sujets deviennent tout à coup souffrants, jaunissent, poussent peu, ne donnent plus de fruits, et si on ne s'en aperçoit pas, finissent par périr en peu d'années. Bien des personnes, en voyant leurs arbres malades, s'empressent de leur mettre du fumier au pied, croyant leur faire du bien, mais elles aggravent le mal au lieu de le diminuer, car ces pauvres arbres n'ont pas besoin de fumier; ils auraient bien plutôt besoin de nouvelles racines pour porter de la séve à la tige et aux branches qui sont restées dans l'inaction. C'est encore un des motifs pour lequel on voit tant d'arbres malades et défectueux. Avant de traiter un arbre, il faudrait tâcher de connaître sa maladie, et il faut souvent peu de chose pour sauver un sujet; les remèdes violents font rarement du bien et souvent beaucoup de mal.

En 1819, l'hiver fut rude, le thermomètre descendit plusieurs jours de suite à 14 et 15 degrés. J'avais alors une plantation de poiriers à faire; mon maître alla choisir les arbres lui-même, en me recommandant de les faire venir aussitôt que les places seraient préparées pour les recevoir. Mais, en visitant les racines, je m'aperçus qu'elles étaient toutes noires jusqu'au niveau du sol qui les recouvrait; je fis venir le pépiniériste et lui fis voir l'état de ses arbres, en l'engageant de m'en donner d'autres; il me répondit que les autres seraient semblables à ceux-ci, puisqu'ils étaient tous gelés. Je me résignai à les garder; mais sachant que le cognassier reprenait de bouture, je plantai soigneusement mes arbres, et comme il y a toujours une distance de 12 à 15 centim. entre la greffe et le sol, je plantai un peu plus bas, de manière que les greffes fussent cachées par la terre. Toute la partie du tronc qui était sous les greffes prit racine, et les arbres poussèrent comme s'ils n'eussent pas été gelés. Le maître qui avait choisi les arbres ne l'a jamais su.

Ce ne sont pas les fumiers ni les terreaux consommés qui peuvent sauver un poirier de la mort ou le guérir d'aucune maladie; il ne lui faut que de la terre naturelle qui ait été rendue bien végétale par la culture, qui ait été longtemps exposée aux injures du temps, fertilisée par les gelées, la neige, les pluies, les brouillards, et surtout l'ardeur du soleil; lorsqu'une terre semblable aura été rendue bien meuble par un passage à la claie, si on a un poirier malade, on peut, en toute sûreté, dégarnir les racines du patient avec précaution, enlever toute cette terre à une certaine profondeur et largeur, puis y substituer de la neuve ainsi préparée, sans aucune addition d'engrais et de fumier. On peut être sûr de rétablir ainsi la santé d'un arbre en peu de temps; seulement il est bon de verser quelques arrosoirs d'eau pour fixer la terre près des racines.

Dans un vaste jardin, la terre n'est pas toujours partout de la même qualité, et même, quoique le sol de terre végétale soit de niveau, il n'est pas toujours partout de même épaisseur, à cause des diverses ondulations du sous-sol qui, quelquefois, se trouve être de la marne ou de la glaise, des lits de tufs, de cailloux, etc. La négligence que l'on met à la confection des trous est souvent l'origine du malaise qu'on remarque chez quelques arbres dans les plantations. Le cognassier se trouvant, pour ainsi dire, assis sur un tuf impénétrable, et la couche de terre végétale étant trop mince, elle se trouve tout à coup desséchée par les premières chaleurs de l'été; l'arbre alors languit, jaunit, et finit par périr d'inanition.

Le cognassier n'a pas des racines très-fortes, elles sont plutôt fort chevelues, et il lui faut une terre douce, un peu fraîche et perméable; il ne prospère pas dans les terrains argileux ni sur les marnes et les craies. C'est pourquoi beaucoup de propriétaires perdent leurs plantations faute d'avoir consulté leur terrain; les arbres ne périssent pas spontanément mais languissent pendant longtemps, s'amaigrissent au point que j'ai vu des individus dont le bois et l'écorce s'étaient tellement comprimés qu'ils étaient moins gros au bout de cinq années de plantation que quand ils étaient sortis de la pépinière.

Lorsqu'on veut former un plant d'élèves de poiriers sur cognassier, on fait défoncer un terrain qui soit de bonne qualité et d'une étendue proportionnée à la quantité de plants que l'on veut mettre en place. Ce défoncement doit avoir au moins 0$^m$,50 de profondeur; on ôte les pierres s'il s'en trouve; on nivelle parfaitement; on trace au cordeau des lignes à 0$^m$,65 les unes des autres, puis on plante également à 0$^m$,65 les uns des autres les plus beaux plants possibles; on les habille, en terme de pépiniériste, c'est-à-dire qu'on réduit les racines à une ou deux et le corps du plant à la longueur d'environ 0$^m$,30; puis, avec un fort plantoir, on les met en place en enfonçant de manière qu'il y ait seulement deux ou trois yeux hors de terre. Cette plantation doit être faite de bonne heure, de novembre en janvier; au mois de mars les plants auront déjà de nouvelles racines, tandis que si l'on ne plantait qu'en mars, comme cela arrive assez souvent, et que le printemps fût sec, les plants ne s'enracineraient pas promptement, et pourraient beaucoup souffrir. Il est essentiel que la pépinière soit tenue fort propre, et de ne pas négliger les binages : c'est une condition indispensable pour la prospérité des plants. Au printemps suivant, on passe les plants en revue pour supprimer les bourgeons inutiles; car chaque plant doit avoir poussé deux ou trois branches, desquelles il ne faut conserver que la plus forte sur laquelle on devra greffer l'été prochain, vers le mois de juin ou juillet; cette branche doit être visitée dès qu'elle commencera à végéter, pour faire tomber avec le pouce tous les germes qui voudraient s'y développer jusqu'à la hauteur de 0$^m$,30 à 0$^m$,40, afin que la petite tige soit propre et lisse pour pouvoir recevoir l'écusson. Il faut que le greffeur puisse choisir librement la place la plus convenable, qui doit se trouver à environ 0$^m$,15 du niveau du sol, quelquefois un peu plus, suivant certaines circonstances qu'on ne peut pas toujours prévoir.

Quand les plants ont parfaitement réussi et qu'ils sont un peu trop touffus, on relève les bourgeons, et au moyen d'un petit osier on les rapproche les uns des autres; on les serre assez fortement pour qu'ils n'embarrassent pas trop le greffeur; et en même temps, pour donner plus d'air entre les lignes des plants, les greffes doivent être faites par lignes, complètes autant qu'il est possible pour les espèces ou variétés parfaitement connues; mais pour celles qui sont nouvelles et peu connues, dont on ne peut greffer beaucoup, il est nécessaire que chaque sujet soit accompagné d'une lanière de plomb avec un numéro qui indique au registre le nom de l'espèce. Pour les espèces connues, il suffit d'avoir un registre qui indique exactement le nombre de rangs de chaque espèce; encore celui-ci n'est-il nécessaire que pour les personnes qui veulent choisir leurs arbres eux-mêmes; car un pépiniériste, qui a l'habitude de son art, connaît tout ce qu'il a chez lui, et ne peut se tromper. Les caractères qui distinguent chaque variété sont si saillants, qu'il n'est guère possible de commettre d'erreur. Il n'en est pas de même pour les variétés nouvelles avec lesquelles on n'est pas encore assez familiarisé; il faut qu'on ait le plus grand soin de les tenir par numéros d'ordre, afin d'être certain de ce qu'on livre aux amateurs. Je connais des propriétaires qui, ayant payé des arbres fort cher, n'ont cependant pas eu les variétés qu'ils avaient demandées; dans ce cas, on ne peut plus retourner avec confiance dans une maison où l'on a déjà été trompé. Cependant il n'est pas de l'intérêt d'un marchand d'arbres de donner une variété pour une autre; cela ne peut arriver que par erreur, causée par le défaut d'ordre dans son numérotage.

Les greffes de poirier étant faites en temps convenable, doivent être ligaturées, soit avec de la laine, soit avec des écorces d'osier trempées, afin de les rendre assez souples pour envelopper le sujet; il faut recouvrir en même temps la greffe, pour que l'humidité ne s'introduise pas entre l'œil et le sujet comme en 1844, où les pluies survenues à l'époque des greffes en ont détruit neuf sur dix dans les cultures de Vitry près Paris.

Il est nécessaire aussi de visiter les greffes quinze jours ou trois semaines après qu'elles sont faites; car, à cette époque, la végétation est en grande activité, et si le sujet voulait grossir, la ligature couperait l'écorce et la greffe en même temps, ce qui ferait un fort mauvais effet. C'est pourquoi il est bon de passer dans les lignes et d'ôter les ligatures des sujets qui seraient trop serrées. Vers le mois de novembre, on devra délier toutes les greffes, et après les plus fortes gelées, vers le mois de février, il faudra rabattre les sujets à 6 ou 7 centimètres au-dessus de la greffe, afin que les intempéries de la saison n'altèrent pas la greffe. Quand elle poussera et qu'elle aura acquis environ 0m,30 de longueur, il sera urgent de fixer le jeune bourgeon après l'onglet au moyen d'un jonc pour le défendre du vent et l'empêcher de se décoller en attendant qu'on mette des tuteurs plus solides.

Lorsqu'on veut faire ce qu'on appelle des poiriers nains, c'est le moment de faire l'opération du pincement, afin de faire naître deux ou trois bourgeons au lieu d'un seul; mais on en conserve toujours deux opposés l'un à l'autre, afin qu'ils soient déjà dressés et disposés à mettre en espalier ou bien en éventail en plein jardin.

Il est bien essentiel de faire donner des binages pour tenir la terre propre, et avoir une attention particulière à ce que les ouvriers n'approchent pas leur binette assez près des plants pour pouvoir les blesser : mais s'il se trouve un brin d'herbe près d'un plant, l'ouvrier doit l'ôter avec la main sans y porter l'outil : autrement il est presque impossible qu'il ne fasse pas une écorchure au plant en même temps qu'il l'ébranle par la secousse qu'il lui imprime.

Il faut aussi avoir soin de visiter les plants et de faire tomber avec la main tous les jeunes bourgeons de coignassiers qui poussent aux environs de la greffe et jusque dans la terre; ce serait autant de séve perdue au préjudice des greffes. C'est aussi le moment de mettre des tuteurs aux jeunes scions qui sont destinés à former des quenouilles ou poiriers pyramidaux, afin de les dresser, de les défendre contre le vent, d'empêcher qu'ils ne se décollent. Il y a des variétés, telles que la cresanne, l'épargne, le bon chrétien d'hiver et celui d'été, la belle-de-Berri et beaucoup d'autres, qui se contournent tellement qu'on aurait de la peine à les redresser si on attendait que les bourgeons soient devenus tout à fait ligneux. Ce n'est pas qu'on ne puisse le faire plus tard; mais il est bien plus convenable de fixer ces jeunes greffes à leurs tuteurs dans le moment de leur végétation ; les variétés les plus rebelles sont bien obligées de se conformer à la loi commune. J'ai vu des établissements où l'on négligeait de mettre des tuteurs en temps opportun : les sujets devenaient alors tortus, tourmentés de toutes les manières ; les arbres étaient beaux, vigoureux, mais aucun d'eux n'était vendable et propre à être employé dans une plantation quelconque.

On fait dans la forêt d'Orléans des échalas qu'on nomme charniers, qui ont 1m,50 de longueur, et sont fort droits. Nous nous servions de ces échalas pour redresser au moyen d'osier fendu et parfaitement trempé dans l'eau depuis plusieurs jours, afin qu'il soit plus souple ; avec un peu de soin et d'intelligence nous parvenions à redresser parfaitement nos sujets; en sorte que lorsqu'on les déplantait au mois de novembre pour les fournir, on ne se serait pas douté qu'ils eussent subi une pareille opération. Pour que ce travail se fasse bien, il faut saisir le moment où les arbres sont en pleine végétation, comme, par exemple, dans le courant de juin ; l'arbre a beau avoir pris telle ou telle courbure, il faut absolument qu'il obéisse, et lorsqu'il est une fois éclissé et ligaturé, les fibres du bois sont obligées en prenant de la consistance de suivre le chemin qui leur est tracé, et lorsqu'au mois de novembre on retire les tuteurs l'arbre reste tout à fait droit. On ne croirait jamais qu'il a subi l'opération du redressement. Cette manière de redresser les poiriers est applicable à tous les végétaux, arbres d'alignement, etc., pourvu qu'on opère dans le temps où ils sont en pleine végétation.

Pendant l'hiver qui suit, il faut enlever avec une serpette bien affilée les onglets qui ont servi à défendre les greffes contre l'effort du vent, les couper le plus proprement possible en biseau en opposition avec la greffe, et sans secousse s'il est possible, pour ne pas tourmenter les racines. Si les onglets sont trop gros ou trop durs, on peut se servir d'une petite scie à main; on tient le sujet d'une main afin de ne pas l'ébranler pendant qu'on coupe de l'autre; puis, pour que la plaie se recouvre promptement, on la rafraîchit avec une serpette. Au mois de février, on taille, c'est-à-dire on rabat les greffes à un mètre ou un peu plus, suivant les différentes variétés plus ou moins vigoureuses ; et lorsqu'elles développent leurs bourgeons, on a soin de supprimer à deux feuilles les bourgeons inférieurs qui sont nés au-dessous de la taille, en conservant précieusement le bourgeon terminal qui doit à l'avenir former la principale charpente de la pyramide future ou d'une tige si on le juge à propos. La séve, se trouvant contrariée dans sa marche, est obligée de refluer vers la partie inférieure du sujet où elle développera des bourgeons qui serviront à former les premières branches latérales de la pyramide. Si on néglige de faire cet ébourgeonnement, il est des variétés de poiriers qui sont longtemps dégarnies par le bas, ce qui est fort désagréable à l'œil et en même temps occasionne une perte; car là où il ne croît pas de bourgeons il n'est pas facile d'y récolter du fruit.

C'est sur des sujets de coignassier que sont greffés cette immense quantité de poiriers qu'on expédie des pépinières de Vitry et d'ailleurs pour les départements et à l'étranger. Ces sujets distribués çà et là sont condamnés à mourir plus ou moins promptement après avoir éprouvé toutes sortes de mauvais traitements: il faut qu'il en périsse une bien grande quantité pour que le débit en soit toujours aussi considérable, et que l'on suffise à peine aux demandes qui en sont faites chaque année. Si beaucoup de ces arbres vivaient, la France devrait regorger de fruits de toute espèce, et cependant il en est qu'on ne voit jamais en quantité sur les marchés; tels sont parmi les espèces communes: la royale d'hiver, l'échasseri, le colmar vert et le doré, la sylvange, la belle de Bruxelles, le bon chrétien d'Auch, le doyenné gris et celui d'hiver. On greffe chaque année une certaine quantité de toutes ces poires, et cependant on en voit peu ou point les fruits.

Le coignassier ne prospère pas également partout: le propriétaire qui plante ne s'inquiète pas de cela: il croit que, une fois planté, tout est fini; mais il s'en faut bien: si malheureusement le sol ne convient pas, voilà toutes les avances perdues, puis un retard pour la jouissance qu'on s'était promise. Les exemples ne manquent cependant pas: pourquoi n'en pas profiter? Et, quand la plantation réussirait parfaitement, il faut encore que ces mêmes arbres soient dirigés par un habile jardinier qui sache les faire fructifier. Mais j'expliquerai plus loin la manière de soigner les espèces les plus intéressantes, afin de me rendre utile à la science et aux personnes qui prennent plaisir à s'en occuper.

Le poirier sur coignassier a un grand ennemi qui ne cesse de le tourmenter: c'est le ver blanc ou ver du hanneton, il est très-friand des racines du coignassier. Dans les années de sécheresse surtout, il fait de grands ravages; ces insectes se rassemblent au nombre d'une ou de plusieurs couvées, suivant que les œufs ont été déposés plus près des arbres, et une fois qu'ils sont établis au pied du poirier, ils ne le quittent pas qu'ils n'aient rongé toutes les plus fortes racines et mangé les petites, au point qu'on peut tirer l'arbre à la main. L'année de la ponte on s'en aperçoit peu, parce que les œufs n'ayant été déposés que vers la fin de mai ou la première quinzaine de juin, ces vers sont si petits qu'ils ne peuvent commettre beaucoup de dommages; néanmoins, s'ils sont favorisés par un été chaud, ils prennent de la force avant de s'enfoncer en terre, vers le mois d'octobre, à une assez grande profondeur pour que le froid ne puisse les atteindre. Au printemps suivant, ils ont acquis assez de vigueur pour commettre des dégâts considérables, et comme c'est pendant cette seconde année qu'ils atteignent toute leur grosseur naturelle, ils détruisent une quantité considérable de végétaux, tels que poiriers, cerisiers, pommiers paradis, fraisiers, rosiers, dahlias, etc. Après avoir beaucoup détruit pendant cette seconde année, ils se renfoncent encore en terre pour passer l'hiver. Au printemps suivant, ils se montrent encore plus avides que jamais, étant plus gros et plus forts, et continuent à détruire les végétaux jusque vers la mi-juillet, où ils commencent à se changer en une espèce de chrysalide à peu près de même grosseur, cette chrysalide augmente ensuite de volume et se métamorphose en véritable insecte connu sous le nom de hanneton; il y en a de plus précoces les uns que les autres, car on en observe de tout formés dès le mois de décembre; tandis que, en février, on trouve encore de ces larves qui n'ont pas encore acquis toute leur perfection, c'est vers la fin d'avril et au commencement de mai qu'elles cherchent à sortir de terre après avoir dévoré les racines des végétaux, afin, lorsqu'elles sont favorisées par un beau temps, de prendre leur vol et d'aller s'abattre sur les feuilles des cerisiers, pruniers, noyers, peupliers, châtaigniers, etc. S'il survient des jours un peu froids au moment où ils vont sortir, ils restent en repos à environ 1 ou 2 centim. sous terre; mais aussitôt qu'il survient une matinée douce, telle qu'en en voit dans cette saison, ils sortent tous, et on est tout étonné de voir, sous les arbres et dans les jardins, la terre percée d'une multitude de trous par lesquels ils se sont fait jour. Pendant le courant du mois de mai ces hannetons s'accouplent, et c'est un grand malheur si le temps est chaud et serein, parce que les femelles, après avoir été fécondées, viennent déposer leurs œufs en terre jusque vers la fin de juin, pour mourir presque aussitôt après; mais la chaleur de la terre suffit alors à l'incubation, et au bout de quinze à vingt jours il y en a déjà d'éclos. Lorsqu'il fait un temps humide et froid, comme en 1845, la plupart, au contraire, périssent par l'abaissement de la température, ou sont noyés par la quantité d'eau qu'ils reçoivent, ils tombent alors à terre tout engourdis et meurent immédiatement; telles sont les causes pour lesquelles il y a des années où l'on en voit beaucoup, et d'autres où il y en a peu, la saison n'ayant pas été, dans ce dernier cas, favorable à leur propagation.

Le hanneton n'est pas voyageur, comme bien des personnes se l'imaginent; il prend sa nourriture, vit et meure dans le canton qui l'a vu naître. Quelques individus, et notamment M. Godefroi, pépiniériste à Ville-d'Avrai, près Sèvres, qui, à ce qu'il paraît, n'a pas étudié les mœurs du hanneton, a avancé, peut-être un peu légèrement, à la Société d'horticulture, que les coups de vent emportaient les hannetons d'un endroit dans un autre. Ce raisonnement ne suppose pas une étude de la manière et des moyens que le hanneton emploie pour sa propre conservation; d'abord il ne s'expose pas à voler lorsqu'il fait du vent, ni quand il pleut; au contraire, comme ses pattes sont armées de crochets extrêmement aigus, dès qu'il fait du vent, il s'accroche fortement aux feuilles et ne bouge pas; et si, par hasard, le vent en détache quelqu'un, bien loin de vouloir voyager, il se contente d'ouvrir un peu les ailes pour tomber plus doucement et ne se pas blesser; mais, au lieu de chercher à remonter, il reste parmi les herbes, et s'il est tombé sur la terre nue, il marche jusqu'à ce qu'il trouve de quoi s'abriter, puis, quand le vent a cessé et qu'il fait un rayon de soleil, il prend son vol et retourne sur les arbres procéder à l'accouplement.

Le hanneton ne dépose pas sa progéniture dans les terrains marécageux, argileux, compactes, où l'eau séjourne trop longtemps, mais dans les terrains chauds, légers, les collines, les berges des fossés, les prairies hautes ou artificielles; voilà les endroits qu'il fréquente, et où il tourmente le plus les cultivateurs. J'ai vu des parties de pelouses, de prairies, etc., où l'on pouvait facilement former des rouleaux avec les gazons tant les racines étaient dévorées; et milady Hemlok, propriétaire à Billancourt, m'a assuré que, ayant fait compter combien de vers blancs pouvaient vivre sous la largeur des deux pieds de son jardinier, il s'en trouva soixante-quinze; aussi ses pelouses et ses filets de gazons étaient tous complètement dévorés.

J'ai vu sur la plaine de Clamart des champs considérables de blé et d'avoine dont les racines étaient mangées jusqu'à raz terre; les habitants qui venaient pour couper leur récolte étaient obligés de tirer le blé à la poignée, n'ayant ni racine, ni grain dans ses épis. La vigne n'est pas à l'abri de la voracité de ces insectes, qui dévorent les racines et l'écorce des marcottes, au point que quand le vigneron veut, à l'automne, relever ses plants, ils sont tout à fait dépourvus de racines. Les pommiers nommés paradis sont souvent détruits entièrement par eux, ils mangent l'écorce du tronc jusqu'au niveau du sol. Les jeunes luzernes, lorsqu'elles sont semées sur un terrain où il y a des œufs ou de jeunes vers blancs, ne réussissent pas, quoiqu'on ait semé d'excellentes graines, qui d'ailleurs auraient bien levé dans le courant de l'été; les vers s'attachent à la racine, et, en peu de temps, on aperçoit les jeunes plantes qui jaunissent et meurent.

A la troisième année de greffe, si on veut former des tiges de poiriers sur cognassier, on taille le bourgeon principal de la quenouille à la hauteur de 2 mètres, ou davantage, suivant que les sujets sont plus ou moins vigoureux; on retranche près du corps tous les plus forts bourgeons, mais on laisse subsister tous les petits pour entretenir la sève, favoriser son ascension vers le haut de la tige, et l'aider à prendre ou à acquérir de la force proportionnément à sa hauteur. Ce n'est que vers le mois d'août qu'on doit faire disparaître ces restes de petits bourgeons, afin que la tige soit propre à être transplantée suivant l'usage qu'en en veut faire.

Si les propriétaires, au lieu de planter les tiges de poiriers sur cognassier pour former de grands vergers, en connaissaient l'inconvénient, ils s'en garderaient bien, car, planter un tel arbre à 8 à 10 mètres est une trop grande distance, on peut être assuré qu'ils ne se toucheront jamais, et d'ailleurs les vents en auront renversé une partie avant qu'ils aient acquis beaucoup d'années ; mais, pour en tirer un parti avantageux, il serait de l'intérêt d'un propriétaire de destiner un terrain dans lequel on pourrait planter ces tiges à la distance de 2m,50 en tous sens, puis les soigner à la taille et à l'ébourgeonnage, leur faire donner la forme de vase ou gobelet ; ces arbres bien soignés donneraient de beaux et bons fruits. Le terrain étant destiné spécialement pour ces arbres, il n'y aurait aucun labour à donner, mais seulement à ratisser chaque fois que les herbes voudraient y croître : et si c'était un sol léger et susceptible de se dessécher facilement, on pourrait répandre sur la superficie de vieilles pailles, des fumiers de chevaux à moitié brisés, ou autres ingrédients, qui maintiendraient l'humidité, et en même temps empêcheraient les herbes de croître. D'ailleurs, s'il tombe quelques fruits, ils ne se flétrissent pas autant dans ce cas que s'ils tombaient sur la terre nue. Tous ces arbres s'abritant les uns les autres ne seraient pas exposés à être autant maltraités par les vents ou par les animaux qui vont paître dans les vergers ; et, pour peu qu'un terrain de ce genre soit clos, les fruits ne seraient plus autant exposés à la dévastation des maraudeurs de toute espèce qui ne manquent jamais de prétextes pour s'y introduire.

Quand on a eu le malheur d'avoir mal réussi à la greffe, comme, par exemple en 1844, où des pépiniéristes ont perdu plus de la moitié de leurs écussons sur coignassiers, c'est une besogne à recommencer, mais on peut l'accélérer ; au lieu d'attendre l'été pour les regreffer en avril, il est plus rationnel de faire la revue dès la fin de février ou en mars, et de greffer tout en fente ou en couronne ou de toute autre manière ; le coignassier se prête volontiers à toutes les sortes de greffes, les arbres sont également bons à tel emploi qu'on en veuille faire, seulement j'observerai qu'il est indispensable de les ébourgeonner et de les dresser, comme si c'étaient des écussons ; mais la routine a tant d'empire sur certains individus que, faisant cette observation à un pépiniériste de Vitry qui se plaignait d'avoir mal réussi dans ses greffes, il m'a répondu que chez eux on n'avait pas l'habitude de greffer en fente, qu'il faudrait qu'il prît un ouvrier pour le faire, et aimait mieux attendre la saison convenable pour les reprendre une seconde fois en écusson ; ainsi il préférait perdre une année plutôt que de greffer en fente, car il est bien clair qu'en greffant dès le mois de mars, les greffes auront déjà fait la moitié de leur végétation lorsqu'on posera les écussons, dont on ne peut encore répondre, tandis qu'on peut garantir les greffes en fente et en couronne à la Duval, etc. Tel est l'empire de l'usage en horticulture, qu'il semble que le fils doive absolument répéter les mêmes travaux qu'il a vu faire à son père ; heureusement que pour la science comme pour le commerce, il y a beaucoup de cultivateurs qui ont franchi le cercle où on voulait nous enfermer, et secouent les anciens préjugés.

Pour les personnes qui n'ont que des jardins de petite étendue et sont amateurs de fruits, il est une manière de planter qui peut convenir à tout le monde. Il suffit pour cela de destiner un petit carré à la plantation qu'on se propose de faire, de planter de jeunes poiriers en pyramides à la distance de 2 mètres les uns des autres (bien entendu qu'ils doivent être greffés sur coignassier), choisir les individus parmi les variétés les plus fructueuses, telles que le milan blanc, le Saint-Germain, le beurré ordinaire, le beurré gris, le beurré magnifique, le doyenné ordinaire, le doyenné gris, le doyenné d'hiver, la duchesse d'Angoulême, la Madeleine verte longue, catillar. Tous les arbres étant plantés à 2 mètres en tous sens n'exigeraient pas d'autre culture que des binages ou ratissages pour empêcher l'herbe de s'emparer du terrain. Comme ces espèces de fruits fructifient facilement, si elles sont confiées à un habile jardinier qui leur donne les soins nécessaires, qui ne consistent que dans un ébourgeonnement régulier et une taille bien raisonnée, ces arbres ne devant pas donner une végétation d'une force extraordinaire, on pourrait être assuré de récolter de beaux et bons fruits ; on peut d'ailleurs tellement varier les espèces qu'avec peu d'arbres on se procurera des fruits pendant toute l'année. Si le terrain est léger et susceptible de sécher facilement, on répandra sur toute la superficie une légère couche de paillis, de vieux fumier, des mousses ou autres ingrédients au moyen desquels l'humidité de la terre se conservera bien plus longtemps.

Quand on a eu le malheur de faire une plantation de poiriers sur coignassier dans un terrain qui ne leur convenait pas, les arbres ne sont pas pour cela perdus. Si on avait un terrain plus convenable à disposer, dont la terre soit plus douce, c'est-à-dire qu'elle ne soit ni marneuse ni argileuse, on pourrait sans inquiétude relever tous ces poiriers avec la précaution de leur conserver le plus de racines possible, les remettre en place, avoir l'attention de faire couler de la terre bien meuble entre les racines, appuyer, c'est-à-dire marcher non pas sur les racines comme le font les mauvais planteurs, mais presser la terre près des racines en marchand autour du trou. Cette pression suffit pour consolider l'arbre suffisamment pour qu'il puisse se défendre contre le vent. Ce travail étant fait vers le mois de novembre, on sera étonné de la rapidité de leurs progrès; ces arbres ressembleront alors à un individu qui ayant été longtemps privé du nécessaire, trouve à sa disposition une meilleure nourriture; j'ai ainsi planté bien des arbres souffrants et amaigris, qui sont devenus admirables de végétation et de fécondité; c'est toujours en vain qu'on voudra planter des poiriers sur coignassier dans des terres glaiseuses, il ne leur est pas possible d'y prospérer, tandis qu'ils réussissent partout ailleurs; c'est un des motifs pour lesquels il s'en fait une si grande consommation, c'est ce qui fait dire à bien des personnes qu'il y a beaucoup de planteurs et peu de connaisseurs; j'ai en effet occasion de voir tous les jours que ce sont ceux qui savent le moins qui sont les plus hardis à donner des avis aux autres, ils parlent et agissent avec une telle assurance qu'on pourrait leur supposer beaucoup de capacité; il est vrai de dire que beaucoup de propriétaires encouragent tous ces beaux diseurs-là: complétement ignorants en ce qui concerne l'éducation des poiriers, ils se trouvent fort embarrassés lorsqu'ils n'ont pas assez de terrain pour occupper un jardinier chez eux toute l'année; alors ils s'adressent au premier venu et surtout à celui qui veut faire leur taille ou leur palissage au meilleur marché possible; ils croiraient commettre une faute en accordant cinq ou six francs par jour à un homme capable, mais ils en commettent une bien plus grande en faisant mettre un desordre épouvantable dans la végétation de leurs poirier, par les cassements et autres mutilations qu'on leur fait subir, en forçant les boutons à fruits de se convertir en boutons ou bourgeons à bois, et par conséquent improductifs. La séve, contrariée dans sa marche naturelle, et refoulée, est obligée de s'ouvrir des issues à travers la vieille écorce et d'y développer des bourgeons adventifs, tout à fait inutiles, qui consomment des matières précieuses qu'un habile jardinier aurait ménagées au profit de l'éducation de l'arbre, et par conséquent pour la formation des boutons à fruits des années suivantes, c'est ainsi qu'à force de tourmenter et de coupasser les rameaux des poiriers, on parvient en peu de temps à détruire l'ordre naturel de leur végétation.

Pour avoir de beaux fruits il n'est pas nécessaire que l'arbre soit si touffu; tous les rameaux adventifs qui surviennent doivent être supprimés aussitôt qu'on s'en aperçoit, et de manière à enlever leur empattement tout à fait au raz de l'écorce, afin qu'il n'en repousse pas d'autres autour du bourrelet que forme ordinairement cet empattement; car si la séve trouvait là un passage facile et pour ainsi dire tout ouvert, elle ne manquerait pas d'en produire d'autres encore plus vigoureux qui deviendraient ce que l'on appelle vulgairement des gourmands ou rameaux ambitieux. Il est cependant des cas où on peut utiliser ces gourmands, mais ils sont rares. Quelques praticiens disent qu'il faut les pincer pour arrêter la séve et la renvoyer dans les autres parties voisines, mais le canal est ouvert et au lieu d'un bourgeon il est possible qu'il en perce deux ou trois qui, formant un bourrelet encore plus volumineux, serait désagréable à l'œil; c'est pourquoi je préfère les supprimer entièrement et dès leur naissance; d'ailleurs un arbre bien dirigé n'aime que peu ou point de ces sortes de bourgeons, parce que la séve étant peu contrariée et ses couloirs largement établis, elle n'est pas obligée de refluer et se dirige tout naturellement vers les extrémités des branches, et nourrissant en passant tous les rudiments de boutons qui se trouvent sur son passage pour les convertir en bourres à fruits; très-souvent même elle en garnit toute la longueur des bourgeons terminaux, au point que lorsque arrive le moment de la taille, il est difficile de trouver un œil à bois pour établir la pompe; on est même tenté ou obligé de ne pas tailler de telles branches, surtout si elles se trouvent sur un arbre en espalier, mais on les palisse dans toute leur longueur sans crainte de porter préjudice à l'ordre de la végétation. Ce sont ordinairement celles-là qui donnent les fruits les plus beaux et les mieux nourris, parce que étant plus aérées que les autres et jouissant davantage des influences de l'atmosphère et du soleil, elles peuvent mieux acquérir toutes les qualités relatives.

Mais si ces rameaux, ainsi garnis de boutons à fruits, se trouvent sur un arbre en pyramide, on supplée au palissage par le procédé suivant : on adapte à la branche une baguette que l'on attache au moyen de petits osiers, de manière que un quart au moins de la baguette soit fixé à la partie supérieure de la taille précédente pour lui donner plus de solidité; le reste de la baguette est employé à attacher le rameau ainsi garni de boutons, puis pour donner plus de force à la branche et qu'elle ne soit pas tourmentée par le vent ni entraînée par la charge des fruits, en lui met une ou deux alèses de forts osiers suivant sa force, on attache les osiers par le bout le plus mince à la branche, et on fixe le gros bout au corps de la pyramide ou à une des branches supérieures, de manière que étant ainsi maintenues, le vent ne puisse causer aucun dommage.

Si ces branches se trouvent à l'extrémité d'une pyramide, c'est la même chose : on adapte une forte baguette bien droite au corps de l'arbre, puis on dresse et on attache solidement le rameau qui doit continuer la flèche, on approche aussi les autres rameaux voisins s'ils s'en rencontre et on les fixe également au tuteur au moyen d'alèses de petits osiers, pour que le vent ne puisse pas les tourmenter. On est souvent étonné de la quantité de fruits que donnent ces rameaux ainsi maintenus, les fruits y nouent d'autant plus facilement qu'ils sont plus aérés.

J'ai remarqué bien des fois que les fleurs des poiriers étaient plus ou moins fertiles suivant que les arbres étaient placés dans des positions où l'air circulait plus librement. J'ai été à même d'observer deux bons chrétiens d'été, greffés tous deux sur coignassier. L'un était placé en espalier au midi, l'autre était en plein vent; celui-ci se chargeait toujours d'une bonne quantité de fruits, tandis que celui d'espalier n'en donnait que très-peu; cependant ils n'étaient soumis à la taille ni l'un ni l'autre, la qualité du sol était la même, ils jouissaient tous deux d'une égale santé; j'ai toujours présumé qu'il fallait une plus grande quantité d'air pour que les fleurs de celui d'espalier se trouvassent parfaitement fécondées, car il m'a toujours semblé qu'un arbre qui ne laissait rien à désirer, ni pour la vigueur ni pour ses belles fleurs parfaitement constituées, devait donner davantage de fruits; il serait possible qu'il fût nécessaire que le vent soufflât avec une certaine violence pour que le pollen des étamines pût s'échapper, c'est une observation que pourrait faire une personne qui s'occuperait spécialement de botanique.

Dans l'année 1846, le 5 mai, j'admirais un poirier en pyramide de l'espèce nommée gros Rousselet, qui était parfaitement garni de fruits, lorsque j'aperçus une branche à fruit qui supportait trois fleurs parfaitement doubles, les pétales étaient pressés de manière qu'il était impossible d'y apercevoir les pistils, si toutefois ils existaient; les ovaires étaient bien prononcés, mais je jugeai bien qu'ils ne prospéreraient pas; cependant au 20 mai, malgré le mauvais temps, les fleurs avaient encore des pétales entiers et très-adhérents au placenta.

Sur le même individu, après avoir examiné les fleurs doubles dont je viens de parler, j'aperçus un peu plus haut deux fruits naissants, chacun sur une branche séparément. L'un avait pour calice trois feuilles sessiles, point de pétales, mais un nombre considérable d'étamines entassées de manière à ne pouvoir pas voir les pistils s'ils existaient; l'ovaire était parfaitement prononcé.

L'autre fruit avait également un calice de feuilles sessiles très-nourries, au nombre de cinq, du milieu desquelles s'est élevé un second fruit dénué de pétales, mais surmonté d'un nombre considérable d'étamines, ce qui consituait véritablement un fruit prolifère; je présume bien que ces deux fruits ne sont pas arrivés à bien, ayant d'ailleurs paru assez tard. J'avais bien vu antérieurement des fleurs de diverses espèces de poiriers avec un nombre de pétales assez considérable, mais je n'avais jamais vu de fleurs tout à fait pleines, surtout après l'époque de la floraison ordinaire des poiriers.

Toutes les personnes qui ont écrit ou même qui écrivent sur l'horticulture, ne manquent pas de recommander aux propriétaires qui ont des poiriers à planter, de bien consulter leur terrain, parce que s'il est humide, on doit attendre au mois de mars; puis de mettre de la terre bien meuble entre les racines; elles prétendent que si on plantait dans un tel terrain avant l'hiver, les racines seraient susceptibles de pourrir, mais c'est un pur préjugé qui porte même tout à faux; car lorsqu'une essence d'arbre, n'importe laquelle, se complaît dans un terrain humide, l'époque de sa plantation devient insignifiante, relativement à la pourriture des racines, et je crois bien fermement que les personnes qui veulent bien nous donner des conseil à ce sujet, n'ont jamais vu de poiriers ayant perdu leurs racines par la pourriture pour avoir été plantés de trop bonne heure. J'ai vu et cultivé des poiriers, greffés sur coignassiers, d'autres sur francs, qui jouissaient d'une brillante santé, avaient un feuillage vert noir et donnaient de beaux fruits; cependant l'eau était à 0m,30 ou au plus à 0m,40, et on ne pouvait labourer à la bêche, sans que l'eau vînt dans la jauge; si les racines de ces arbres avaient souffert le moins du monde on l'aurait vu à leur physionomie. Les racines des poiriers sur francs, probablement enfoncées à plusieurs décimètres, étaient bien pour ainsi dire dans l'eau, et cependant ils étaient d'une grande solidité sur leurs pieds, je ne me suis jamais aperçu de racines pourries; mais dans le principe, il est plus rationnel de planter en novembre et même en octobre pour les terres les plus compactes; les praticiens qui sont un peu observateurs savent bien que c'est dans cette saison que la terre se manie avec le plus de facilité, les terres les plus rebelles deviennent très-douces sous l'influence des pluies, des ardeurs du soleil, etc.

Les planteurs qui ont un peu de précaution doivent faire ouvrir les trous dès le mois d'août s'il est possible : la terre étant déposée sur les côtés, et ainsi exposée à l'air, se réduit quelquefois en poussière, tandis que si on attend au printemps, il est parfois difficile de trouver une semaine parfaitement convenable pour faire l'opération. Si vous plantez en automne, la terre s'introduit pour ainsi dire d'elle-même entre les racines, vous pouvez avec le pied fixer votre arbre, appuyer, presser la terre pour le mettre d'aplomb sans qu'elle s'attache à vos pieds, et sans être exposé à la flétrir comme font tous les mauvais planteurs qui s'imaginent que beaucoup piétiner sur les racines c'est bien travailler; lorsque vous plantez à l'automne, vos arbres, au bout de quatre ou cinq semaines, ont déjà des racines nouvelles; à cette époque la terre est encore assez chaude pour les exciter à se développer, et quand arrive le printemps, il ne paraît pas qu'ils aient été déplantés; que ce soit une terre naturellement humide ou bien qu'elle soit siliceuse, il ne peut rien arriver de désastreux aux racines.

Mais si dans la crainte de mal faire vous attendez au mois de mars, comme l'indiquent fort bien divers écrivains, il peut arriver des temps humides pendant lesquels il est difficile de bien planter, puis tout à coup succéder une sécheresse qui durcisse la terre et la fasse se crevasser; alors vos poiriers auront de la peine à reprendre, et si la sécheresse continue, il faudra recourir aux arrosements pour les empêcher seulement de mourir, tandis que ceux plantés à l'automne ne réclameront aucun de ces soins et végèteront sans s'arrêter; ainsi, tout bien compté, c'est une erreur de croire qu'on ne doit pas planter dans les terrains humides en automne. Si les racines des arbres nouvellement plantés devaient pourrir, alors aucun individu ne pourrait prospérer dans de tels terrains, et nous ne verrions pas près de nous de très-beaux poiriers situés dans des positions où l'eau coule continuellement à leurs pieds, sans pour cela les empêcher d'être beaux et fructueux. Je citerai seulement les villages de la Selle près Bougival, Joui en Josas près Versailles et beaucoup d'autres terrains encore plus humectés, et où les poiriers sont d'une constitution des plus robustes, quoique d'ailleurs très-mal soignés, et exposés à toutes sortes d'avaries causées soit par le voisinage des animaux, soit par la serpe du propriétaire qui craint toujours que ses arbres ne deviennent trop volumineux. A cela près on voit des poiriers d'une belle santé, quoique plantés dans des positions où l'eau se trouve souvent plus élevée que le terrain.

Lorsque de jeunes arbres ont été élevés par une main habile, il est fort agréable de pouvoir les planter de bonne heure, surtout quand ils ont été régulièrement ébourgeonnés; mais une opération que bien des personnes négligent, est de les effeuiller. La manière qui convient le mieux est non pas d'arracher les feuilles comme quelques-uns le pratiquent, mais de les couper proprement avec la serpette ou bien une paire de ciseaux, de manière à ce qu'une partie du pétiole reste après le bourgeon ou rameau jusqu'à ce qu'il lui plaise de se détacher de lui-même, car c'est la feuille qui nourrit et abrite le gemme, bouton ou œil, comme on voudra dire, et si on le privait violemment de sa feuille, il doit toujours en souffrir un peu.

J'ai vu des propriétaires faire planter des arbres de très-bonne heure sans faire supprimer les feuilles, mais il en résultait un fort mauvais effet, en ce que celles-ci se fanaient et devenaient toutes noires, que les rameaux eux-mêmes se ridaient, témoignage assuré de la déperdition qu'ils éprouvaient; mais en général, une plantation faite par un habile jardinier qui choisit un temps convenable et donne de la terre bien meuble aux racines, ne peut que bien réussir.

J'ai vu aussi des poiriers très-beaux, très-vigoureux, plantés en novembre par un jardinier, ne pas réussir, et les mêmes arbres, venant de la même pépinière, plantés dans une terre de médiocre qualité dans le courant de mai réussir complétement; mais tout dépend dans ce cas des connaissances pratiques des individus. Un bon jardinier est ce qu'on appelle identifié avec les individus qu'il met en terre, il calcule et sait d'avance les progrès que fera chaque espèce; s'il plante ses arbres lui-même il est certain d'avance de leur réussite complète; et enfin, il connaît d'avance le déploiement végétatif que devront prendre ces mêmes arbres, pendant les années qui suivront.

Les personnes qui s'occupent d'écrire et de traiter de l'éducation des arbres fruitiers, espaliers ou autres, indiquent qu'au moment de la taille du poirier, on remarque plusieurs sortes de branches ou rameaux qu'il faut savoir distinguer; par exemple, on cite leurs noms, ce sont les gourmands, les branches à bois, celles à fruits, les branches chiffonnes, les brindilles, les bourgeons adventifs, les branches de faux bois, les branches languissantes, les branches à fruit, les darts, les darts couronnés, les bourses, les branches épuisées, etc. Voilà bien des indications capables d'embarrasser un jeune élève qui n'a encore aucune expérience de son art, capable de le dégoûter et de le décourager entièrement, et en effet, indépendamment de toutes ces différentes branches, nous avons encore celles que nous faisons paraître à volonté en employant divers procédés que je ne décrirai pas ici parce qu'ils le sont suffisamment ailleurs et mieux que je ne pourrais le faire; ces branches-là devraient aussi avoir leur nom. et comment nommera-t-on celles que l'on place à la main partout où il se trouve des vides ou lacunes, soit sur des éventails ou sur des poiriers pyramidaux? Il faudra bien aussi les distinguer dans le langage; quand à moi, je pense qu'on pourrait les nommer *branches de rapport* ou de *remplacement*, puisque, en effet, elles remplacent des branches épuisées ou éteintes, ou bien sont plantées dans des parties où il n'a jamais voulu sortir de bourgeons. Quand aux bourgeons adventifs, ils sont de plusieurs sortes, et ces auteurs devraient aussi les distinguer par un nom spécifique, car les uns croissent en haut du poirier, d'autres tout à fait en bas, et parmi tout cela il y en a de différentes force et longueur; j'en ai vu qui n'avaient pas moins de 1$^{m}$.50 de longueur et gros à proportion. Ces bourgeons sont quelquefois fort utiles; ils croissent assez souvent à l'empattement d'une branche secondaire qui, ayant été négligée, se trouve endurcie. Or l'écorce y étant fortement comprimée et la séve ne pouvant plus circuler, est obligée de s'ouvrir un nouveau conduit; cela est fort heureux, car au moyen de ces sortes de bourgeons, on peut remplacer la branche dont il est question, mais maheureusement peu de jardiniers veulent utiliser ces productions, parce qu'ils regardent ces bourgeons comme des gourmands, et comme ils ne savent ni ne veulent tirer partie des gourmands, il les suppriment sans rémission. Pour faire cette suppression, ils ont soin d'attendre la mi-juillet, époque où la végétation d'un poirier non ébourgeonné est à peu près terminée, autrement ils craindraient de mettre du désordre dans l'arbre et de faire convertir les boutons à fruit en bourgeons ou branches à bois; et en effet, les bourgeons que l'on nomme gourmands n'ont pas d'autre origine que les bourgeons adventifs; ils sont employés comme eux aux mêmes usages par les jardiniers arboriculteurs; ils croissent spontanément comme eux dans des endroits où on ne les attend pas, et quand on juge n'en avoir pas besoin, il est essentiel de les supprimer de suite raz l'écorce. Si on laisse subsister librement un bourgeon adventif pendant quelque temps, il devient bientôt ce que les savants horticulteurs nomment assez improprement gourmand, il forme un bourrelet très-volumineux à sa naissance et prend un accroissement considérable en très-peu de temps.

Les boutons à fruit sont aussi portés par des branches de diverses sortes et de longueurs différentes selon les espèces de poiriers qui les produisent, ce devrait être pour les auteurs une occasion de faire une petite nomenclature nouvelle pour ces branches qui sont plus ou moins longtemps à se former, suivant l'espèce de sujet sur lequel elles sont greffées, suivant les espèces elles-mêmes et selon que ces arbres sont cultivés par des mains plus ou moins intelligentes; pour un curieux, c'est un beau sujet d'observation que les branches à fruit des poiriers, attendu le grand nombre d'espèces ou variétés bien connues aujourd'hui; et comme un jardinier expérimenté peut en faire croître autant qu'il le veut et aux places qu'il lui convient, il est facile à un observateur d'étudier et constater les différences qui existent entre telle ou telle espèce, parce que pour un praticien qui connaît et observe les lois de la physiologie végétale, il ne se trouve jamais de confusion de branches inutiles qui puisse gêner l'observateur, et que pour qu'un élève puisse apprendre à connaître chacune des diverses branches par le nom qu'on leur a donné, c'est sur un arbre un peu négligé à l'ébourgeonnage qu'il doit commencer son apprentissage; sur un poirier soigné par un jardinier instruit, il ne se trouvait que des branches à bois et celles à fruits.

Dans les jardins un peu considérables où il y a des espaliers dirigés par un jardinier qui fait son état avec goût, il n'est pas un seul jour dans l'année où il ne visite ses espaliers ou ses pyramides. Il ne perd pas un seul moment sans observer la marche de la sève, et trouve toujours quelque bourgeon à supprimer ou à attacher, quelquefois il en détache quelques-uns à dessein, ou bien il ne les palisse pas du tout lorsqu'il s'aperçoit que la sève arrive plus lentement dans une partie que dans l'autre.

Lorsque les poiriers sont greffés sur cognassier, la végétation cesse d'assez bonne heure, mais quand ils sont sur franc, ils exigent plus de surveillance, car vers les mois d'août et de septembre il se fait un mouvement de sève qui produit une multitude de bourgeons adventifs qui auraient bientôt mis le désordre si la main du jardinier n'intervenait à temps pour mettre ordre et supprimer tous ces bourgeons à mesure qu'ils se montrent, car, dans cette saison, ils acquièrent une grande longueur en peu de jours, et quoique puissent dire les routiniers, ces productions auraient employé une grande quantité de sève au préjudice des autres branches, si l'on ne se fût empressé de les détruire dès leur naissance.

Deux causes principales provoquent la naissance des bourgeons dits gourmands et de ceux adventifs : une taille trop courte et une branche courbée ou inclinée avec force; la sève, se trouvant interrompue dans son cours, est obligée de refluer, et de s'ouvrir un passage en quelque endroit, et si on n'apporte pas de suite les soins nécessaires en cette occasion la stérilité s'en suit, les boutons qui auraient des dispositions à se mettre à fruit ne donnent d'autres productions que des bourgeons plus ou moins forts et tout à fait inutiles; André Thouin disait que dans tous les cas une taille plus courte était moins préjudiciable qu'une trop longue; il avait raison si son but n'était que d'obtenir du bois; mais nous autres qui voulons avoir du fruit, nous trouvons qu'une taille plus longue désorganise moins la marche ordinaire de la sève, ou ne compromet pas la récolte des années suivantes comme quand on taille un peu plus court; il est certainement des cas où il est permis et même nécessaire d'opérer avec une espèce de témérité, par exemple, lorsque dans un jardin nouvellement acquis il se rencontre des arbres jeunes encore, abandonnés, ou mal soignés; s'ils montrent de la vigueur on peut se décider à les receper le plus convenablement possible, surtout si ce sont des poiriers en espalier ou en éventail; il ne faut pas employer, pour cette opération, la serpe ainsi que le font trop souvent les jardiniers qui n'ont ni goût ni connaissances relatives à l'éducation des arbres, mais se servir d'une scie à main, et si l'arbre est assez volumineux, ce qui est mieux, le démonter par parties afin d'éviter une déchirure de l'écorce en finissant de scier la branche; on rafraîchit ensuite la plaie avec une serpette bien affilée, puis on recouvre celle-ci avec de la matière à greffer. Le poirier ainsi traité ne manque pas de donner de nouveaux jets parmi lesquels on choisit les plus beaux et les mieux placés pour reformer son arbre.

Il faut surtout ébourgeonner et palisser de bonne heure les jets que l'on conserve afin de les bien dresser et de les préserver des coups de vent qui ne manqueraient pas de les décoller. Un poirier, pour peu qu'il ait de vigueur, et traité comme je l'indique ici, peut facilement acquérir 4 mètres d'étendue dès la première année, parce que la masse de la sève étant répartie entre les deux ou au plus quatre bourgeons réservés, il est probable qu'ils doivent prendre un accroissement considérable. Il est certain aussi qu'il doit naître sur les principaux rameaux quelques petits faux bourgeons qu'il serait convenable de palisser soigneusement, car assez souvent ils sont terminés par un bouton à fruit; mais en général, il faut un événement pour qu'un poirier bien dirigé se dégarnisse de ses branches;

ou qu'il aît subi une taille trop courte comme cela arrive malheureusement trop souvent ou qu'il ait été un peu trop allongé. Un habile jardinier rétablit l'ordre dans une seule campagne et peut faire d'un poirier ainsi recepé un bel arbre, très-fructueux; seulement pour cela il faut laisser beaucoup de latitude à la séve qui doit être abondante en raison de la quantité de racines dont un individu de cet âge doit être pourvu, et, comme pendant les premières années, il est probable qu'il donnera des bourgeons d'une grande vigueur, il serait bon, au moment de la taille de procéder à l'ébourgeonnement à sec ou, selon M. de Mirbel, à l'éborgnage qui consiste à supprimer les yeux ou gemmes qui se trouvent sur le devant des rameaux conservés, non avec l'ongle, ainsi que quelques auteurs l'indiquent, mais avec la pointe de la serpette.

Cette opération, qui paraît très-peu de chose en elle-même, est cependant très importante en ce qu'elle coopère à la distribution de la sève dans les yeux voisins qui doivent produire des bourgeons à fruit ou à bois, c'est une besogne faite à l'avance et, par conséquent, une économie de temps. Sur un poirier ainsi traité, vous verrez rarement des gourmands ou bourgeons adventifs, parce que les canaux de la séve étant largement établis, celle-ci peut circuler librement sans être obligee de se frayer d'autres chemins. Quoique poussant avec force, un tel arbre sera toujours fructueux parce que la séve n'étant pas contrariée par toutes sortes de mutilations, formera une quantité énorme de boutons à fruit, les rameaux nommés gourmands et les adventifs ainsi que les brindilles, etc., ne viennent en quantité que par suite des plaies, des mutilations, des tailles mal combinées, mal réfléchies dont les pauvres poiriers sont continuellement affligés. Sur 100 poiriers il en meurt au moins 90 par suite des mauvais traitements qu'ils ont endurés, et beaucoup d'entre eux sans avoir donné de fruit au maître.

Il est des auteurs qui donnent à entendre que l'éborgnage est de leur invention; mais le véritable auteur de ce procédé est un estimable cultivateur de Montreuil-aux-Pêches, nommé Bauce-Labrette, celui qui a obtenu la pêche qui porte le nom de Belle-Bauce, je lui ai vu appliquer ce procédé en 1802, lorsqu'il venait tailler et palisser les pêchers de M. Vilmorin, rue de Reuilli, à Paris. C'est de lui que je tiens cette manière de traiter les arbres, il ne s'en servait que pour les pêchers, mais, par suite, j'ai pensé qu'elle pouvait être appliquée à tous les arbres fruitiers, et je m'en suis bien trouvé.

Je recommande l'opération de l'ébourgeonnage à sec ou éborgnage, parce que cette opération étant soigneusement exécutée il est impossible qu'il perce aucun bourgeon sur le devant des branches; on évite ainsi la formation ou la croissance de toutes ces protubérances qu'on aperçoit sur le devant des arbres, dans tous les jardins bourgeois, et d'où sortent cette multitude de bourgeons inutiles qui affament et vivent aux dépens des autres parties de l'arbre. Lorsqu'elles deviennent trop volumineuses, quelques jardiniers se donnent la peine de les scier ras le corps, mais le mal n'est pas pour cela détruit, car il faut que toutes ces plaies se cicatrisent, et quelques-unes ne se recouvrent jamais, parce qu'elles sont trop larges pour que les écorces puissent s'approcher et se joindre, or l'altération que causent aux arbres toutes ces plaies exposées au soleil, ainsi qu'à toutes les intempéries de la mauvaise saison, doivent nécessairement les faire beaucoup souffrir, et quoique le poirier soit, de tous les arbres fruitiers, le plus docile, il ne s'accommode pas d'un traitement aussi barbare. Il est bien plus naturel de faire des ébourgeonnements chaque fois qu'il en est besoin et toujours d'enlever tout ce qui se présente sur le devant de l'arbre. Un poirier de 16 mètres d'étendue doit avoir l'écorce lisse dans toute son étendue, comme s'il n'avait que 2 mètres de face, les rameaux que nous conservons sur les deux côtés des branches dont les uns sont à fruits et les autres près de le devenir, sont bien suffisants pour garnir tout l'espace qui se trouve entre les branches principales, sans laisser subsister une infinité de productions inutiles et désagréables à la vue.

Les propriétaires qui n'ont aucune notion, aucune connaissance en jardinage, et cependant qui veulent planter des poiriers, et n'ont qu'un jardin quelquefois d'une étendue peu considérable, ne manquent pas d'appeler le premier venu pour leur tracer ou distribuer le terrain. On leur fait des plates-bandes qui ont quelquefois au plus 1 mètre de largeur. Les arbres qu'on plante, assez généralement des poiriers quenouilles, sont mis à la distance de 4 mètres, avec un petit pommier paradis entre; ce qui fait que ceux-ci se trouvent à 2 mètres les uns des autres. Si le hasard veut que les quenouilles végètent bien, il ne leur faut pas plus de deux ou trois ans pour que les rameaux dépassent les 0m,45 qu'on leur a laissés de chaque côté, et viennent immédiatement embarrasser le passage de l'allée et du sentier intérieur du carré. Pour obvier à cet inconvénient, on prend le sécateur et on n'est pas avare de couper tout ce qui nuit au passage, car il est fort désagréable de circuler lorsque les arbres sont chargés de rosée ou à la suite d'une pluie ; mais, en coupant ainsi, on ne se doute pas que l'on fait refluer la séve vers le corps de l'arbre, d'où il naît une infinité de bourgeons inutiles, qui amènent la confusion ; les boutons qui se disposaient à se mettre à fruit dégénèrent en bourgeons à bois, et adieu le fruit : c'est un désordre à ne plus s'y reconnaître. Pour l'éviter, il est un moyen facile de diriger ces jeunes arbres et de leur faire produire du fruit. Puisque le peu de largeur des plates-bandes ne permet pas de donner la latitude et la régularité d'un poirier en pyramide, il faut, au moment de la végétation, avoir le soin de pincer les bourgeons de devant et de derrière à deux ou trois feuilles, puis planter de chaque côté et en ligne des arbres un ou deux tuteurs, sur lesquels on puisse palisser les bourgeons qui naîtront dans toute la hauteur de l'arbre, laisser ceux-ci intacts sans les contrarier par le pincement. La séve, ayant une fois pris son cours sur les côtés, abandonnera les autres issues de devant et de derrière pour s'écouler par les canaux où elle n'est pas contrariée, et cette partie où le pincement à été pratiqué restera parfaitement garnie de boutons ou bourgeons à fleurs.

Au moment de la taille, l'état de vigueur des arbres déterminera la aille plus ou moins longue à donner à chaque espèce en particulier. Par exemple, s'il se rencontre des colmars, des cressanes, des martin-secs, des Messire Jean, ces variétés doivent être taillées au moins à la moitié des rameaux, afin que les gemmes inférieurs puissent se transformer en boutons à fruit ; ce qui n'arriverait pas si on taillait comme les routiniers ; et même le colmar, pour se mettre à fruit, pourrait n'être pas taillé du tout : il suffit de l'ébourgeonner soigneusement dans le cas où il pousserait quelques bourgeons déplacés. Par ce moyen, on peut être assuré que cet arbre qui, dans certaines localités, a l'air de se refuser à donner des fruits, en produira beaucoup. En employant ce procédé simple, j'ai dirigé des arbres de cette espèce dont les rameaux très-vigoureux, palissés sans être taillés, se garnissaient, dans toute leur longueur, de très-beaux boutons à fleurs pour l'année suivante, et formaient ainsi des guirlandes de fruits admirables.

Si la séve se portait un peu trop vers l'extrémité des arbres, ce dont il est facile de s'apercevoir, il suffirait de pincer les bourgeons à trois ou quatre feuilles pour contrarier la séve et l'obliger à refluer au profit des branches inférieures. Avec un peu d'étude, d'observation et de bonne volonté, on peut toujours parvenir à avoir de jolis fruits.

Au lieu de prendre la peine de donner dans les plates-bandes de profonds labours, on devrait se contenter de les ratisser pour empêcher seulement les mauvaises herbes de croître et qui épuiseraient sensiblement la terre au préjudice des poiriers.

Le poirier Colmar produit peu de dards proprement dits ; mais quand il n'est pas tourmenté par la taille, les boutons à fruits se forment dans la même année. Autant il est fertile quand on ne la soumet pas à la taille, autant il est stérile lorsqu'il est taillé. Voilà pourquoi ce fruit si exquis manque dans toutes les grandes maisons où l'on s'occupe d'arbres à fruits.

Nous avons une poire qu'on a nommée passe-Colmar, ce qui pourrait donner à penser aux personnes qui ne connaissent pas bien les fruits, que ce passe-Colmar est supérieur au vrai Colmar ; mais il n'en est rien : le fruit du passe-Colmar est, il est vrai, un bien bon fruit ; mais il est loin encore d'avoir le mérite du vrai Colmar. D'abord il mûrit dès la fin d'octobre, époque où il ne manque pas de poires ; le fruit est beaucoup plus petit, et moitié à peu près de la grosseur du Colmar ; enfin celui-ci a l'avantage de se garder jusqu'en mars et avril : ainsi il est plus avantageux de continuer à planter ce dernier.

On doit toujours se mettre en garde contre les annonces de fruits nouveaux ; on leur donne assez souvent des noms capables d'en imposer ; puis la nouveauté a un certain attrait. Lorsque la poire fortunée a été annoncée, on aurait pu croire, après un nom comme celui-là, que le fruit devait avoir un mérite extraordinaire. Je fus du nombre des dupes : j'en achetai trois ; je les soignai bien ; mais quand je vis le fruit, je fus bien désappointé. Comme mes poiriers étaient greffés sur des sujets francs, je me donnai la satisfaction de les regreffer en espèces meilleures. Ce poirier fortuné n'est pas difficile; il vit également bien sur cognassier. J'en possédais un que je m'étais réservé pour fruits, qui avait acquis en peu d'années 0m,24 de circonférence à hauteur d'homme; il me rapporta des fruits deux années de suite, mais je ne sais pas si l'on pourrait faire du cidre passable avec son fruit, qui tombe facilement et ne se garde pas longtemps. Du reste, c'est un arbre qui végète fortement, qui s'allie bien au cognassier, car il ne forme aucune protubérance à la jonction de la greffe avec le sujet.

Des personnes qui s'occupent d'arboriculture se plaignent que diverses variétés de poires, telles que le beurré ordinaire, la Madeleine, l'épargne, etc., ne peuvent pas former de belles pyramides, parce qu'elles sont trop peu garnies de branches. A cela je répondrai que la nature n'a rien fait en vain, que ces variétés sont douées d'une grande fertilité, produisent autant de fruits et peut-être davantage même qu'une espèce touffue, comme le Martin sec ou autres; mais que si elles ne se garnissent pas davantage, c'est un peu la faute de ceux qui leur donnent des soins. J'ai dit que chaque variété de poirier exigerait, pour ainsi dire, une éducation particulière, et les variétés dont je parle ici se trouvent dans ce cas. Je ferai observer qu'il y a une grande différence entre un poirier de beurré ou d'épargne greffé sur cognassier et un semblable poirier greffé sur franc : c'est un peu malgré elles que ces variétés s'allient au cognassier; elles vivent cependant dans les bons terrains et lorsqu'elles sont placées avantageusement, mais elles n'adhèrent au sujet que médiocrement; la protubérance qu'elles forment à leur insertion en est un indice, et souvent ces espèces se trouvent décollées par le vent.

J'ai toujours remarqué que le beurré faisait peu de progrès dans les terrains bas, où l'air ne circule pas assez librement; il y gèle souvent, ce qui fait que le plus souvent les dards à fruits périssent avant d'avoir donné des boutons à fleurs, tandis que je l'ai toujours vu vigoureux et très-fertile dans les jardins bien aérés. En général, je le considère comme le plus délicat de tous nos poiriers sur cognassier; car lorsqu'il est greffé sur franc, il est tout aussi vigoureux que les autres espèces, et forme une aussi belle pyramide qu'une autre; quand il est greffé sur cognassier, il doit être taillé un peu court, tandis que sur franc on doit l'allonger en proportion de sa vigueur, si l'on veut obtenir des fruits; il doit être soumis aussi à un ébourgeonnement rigoureux. Apparemment que M. Alfroi, savant pépiniériste, ne l'a observé que sur cognassier, puisqu'il a adressé des observations à la Société d'Horticulture sur le peu de bourgeons latéraux qu'il produisait; mais cela tient au sujet, à la position plus ou moins avantageuse qu'il occupe; car sur franc, il ne forme pas cette protubérance qu'on remarque, à l'insertion de la greffe, lorsqu'il est sur cognassier : la greffe s'identifie tellement au sujet franc, qu'il est quelquefois assez difficile d'apercevoir l'endroit de la soudure; il s'y incorpore tellement, que souvent il produit des épines comme le sujet lui-même. Cela n'empêche pas, du reste, que dans tous les cas ce sera toujours un des poiriers les plus recommandables pour les beaux et bons fruits.

L'épargne aussi, ainsi que la Madeleine, ne se garnissent guère de bourgeons lorsqu'ils sont en pyramides : c'est l'ordre de la nature qui le veut ainsi; elle convertit en une grande quantité de boutons à fruit la masse de sève que d'autres variétés emploient à former de nombreux bourgeons qui nous sont souvent inutiles et que nous sommes obligés de supprimer; mais la madeleine et l'épargne sont d'une grande fécondité et en même temps d'une qualité excellente. Si un jardinier habile ne les trouve pas assez garnies de bourgeons, il peut, au moyen de la greffe à la Duval, en planter autant qu'il le juge nécessaire pour remplir les vides; je dis planter, car en effet je regarde cette greffe comme une véritable bouture qui, au lieu d'être mise en terre, est introduite entre l'écorce et le bois et est censée s'enraciner et donner des branches, fleurs et fruits. Mais de pareils soins ne peuvent être donnés que dans les jardins où le jardinier est à demeure et libre de suivre son travail selon que le cas l'exige.

Il est des propriétaires qui, n'ayant aucune instruction sur l'horticulture, se font comme un divertissement de changer au moins deux fois de jardinier par année : pour ceux-là il est certain qu'ils seront toujours mal servis, qu'ils auront toujours des arbres en mauvais état, et assez souvent point de fruits. Ces gens-là ne savent pas apprécier le mérite d'un jardinier, et s'ils ont lu dans le *Bon Jardinier* que l'on doit semer l'oignon au mois de janvier, ils épient leur jardinier pour voir s'il remplit les conditions que le rédacteur a indiquées;

mais en janvier assez souvent la terre est gelée, et l'oignon ne peut être semé que plus tard. Quand un jardinier instruit entre en condition, si les arbres se trouvent négligés, il est de son devoir de les remettre en bon état; il est presque toujours nécessaire que les uns soient palissés plus tard que les autres; il est des individus qu'il est essentiel de ne palisser qu'en partie. Mais si Monsieur ou Madame ont rêvé que leur palissage doit être terminé pour telle époque, le jardinier n'est plus propre à rien : il faut le changer, et cela ne tarde pas; car, dit-on, il n'entend rien à son affaire. C'est pourquoi il ne faut pas être surpris si, sur cent jardins, il y en a deux ou trois où les arbres sont en bon état; mais c'est que dans ceux-là on ne change pas les jardiniers tous les six mois; c'est que les propriétaires de ces jardins connaissent quelque chose à l'horticulture et, en même temps, leurs intérêts.

Quand des poiriers ont été plantés à des distances trop rapprochées on est obligé quelquefois d'en enlever un entre pour les transplanter ailleurs; ceux qui sont chargés de la déplantation croient bien faire en prenant beaucoup de peine pour les enlever en motte et les transporter à leur nouvelle destination, on croit assez généralement qu'il est de la plus grande importance de leur conserver le plus de terre possible et que sans cela ils auraient beaucoup de difficultés à reprendre; mais l'expérience a démontré que cela est inutile, il est seulement d'une nécessité absolue de les déplanter avec grand soin, de leur conserver le plus de racines qu'il est possible et sans les blesser; les trous devront être préparés d'avance et remplis de bonne terre végétale enlevée de la superficie du sol. Il devra y avoir près des trous une certaine quantité de cette même terre pour garnir les racines et achever de remplir les trous; cette opération devra être faite par un beau temps, de manière que la terre que l'on introduira entre les racines soit bien meuble et qu'il ne reste aucune cavité entre elles. lorsque le trou sera entièrement rempli, on appuiera la terre autour du trou afin de la presser un peu contre les racines, mais sans piétiner dessus à la manière des mauvais planteurs, qui ne craignent pas de les maltraiter de toutes les manières. La saison le plus convenable pour cette plantation est le mois d'octobre et novembre parce que, à cette époque, la terre est ordinairement assez saine, c'est-à-dire ni trop sèche ni trop mouillée.

Si parmi ces arbres il s'en trouvait d'espèces vigoureuses, comme cela se voit malheureusement trop souvent, qui n'ayant pas encore donné de fruits ou très-peu pour avoir été gouvernés par des routiniers qui n'ont jamais étudié la physiologie végétale tels que, par exemple, le Rousselet, le Martin sec, la Royale d'hiver, la Crassane, la Colmar, etc., on pourrait se dispenser de les tailler du tout, surtout s'ils avaient été ébourgeonnés, car cette transplantation a pour résultat de faire transformer tous les gemmes ou yeux en boutons à fleurs pour l'année suivante, il sera alors facile de réformer ou supprimer ce que l'on jugera nécessaire pour conserver ou donner une forme agréable aux individus, ils se trouveront toujours assez pourvus de fleurs pour pouvoir donner une bonne quantité de fruits.

Si les poiriers à transplanter se trouvaient être greffés sur franc, l'opération et le résultat serait le même; on peut compter que, taillés ou non, ils se garniront de boutons à fruits, comme s'ils étaient greffés sur cognassier. cela dépend entièrement de la volonté du jardinier ou de certaines circonstances particulières que l'on ne peut prévoir à l'avance, seulement il est toujours d'une très-grande importance d'avoir et ménager le plus possible les racines qui sont plus ou moins chevelues suivant les diverses qualités du sol.

Quoique la plupart des jardiniers soient mal prévenus en faveur du poirier greffé sur franc, il est cependant constant que cet arbre, quand il est soigné par des mains habiles, ainsi que je l'ai expliqué précédemment, peut donner des fruits au plus tard la troisième année de plantation; cela ne dépend que de l'intelligence du cultivateur ou de celui qui se charge de les diriger. J'ai sous les yeux une plantation de poiriers sur franc qui a été faite le 26 mars 1846, et cette année (1847) tous les individus donneront des fleurs et si la saison est un peu favorable nul doute qu'on ne récolte des fruits; il me semble qu'une opération comme celle-là doit un peu atténuer le préjugé des jardiniers au sujet du poirier franc.

On me demandera peut-être pourquoi ne pas conserver la motte s'il est possible? Je répondrai que d'abord le transport d'un poirier en motte est souvent bien pénible; que la terre qui compose cette motte a déjà nourri les racines pendant plusieurs années et, par conséquent, est déjà épuisée, et par là devient inutile; que la nourriture que les nombreux suçoirs des racines envoient dans les diverses parties de l'arbre, n'est pas prise auprès du tronc mais quelquefois à une assez grande distance, qu'alors cette terre qui est sur les racines qui avoisinent le tronc ne vaut pas autant que celle que nous lui donnons qui est ce qu'on appelle terre vierge ou végétale, et n'ayant jamais servi à aucune plantation fruitière, je dis fruitière parce que j'ai remarqué qu'après des destructions ou arrachages de bois, les plantations d'arbres fruitiers font des progrès rapides, même dans des sols très-calcaires et qu'au premier coup d'œil bien des personnes auraient jugé peu convenables à une culture de ce genre; mais pour extraire les racines et souches du bois qu'on vient d'abattre il faut remuer la terre à une certaine profondeur, cette même terre est imprégnée de tous les sucs nutritifs produits pendant une longue suite d'années par les détritus d'une multitude de végétaux de diverses espèces ; de plus elle se trouve encore mélangée avec ceux qui habitent le terrain, comme mousses, bruyères, graminées de beaucoup d'espèces; lesquelles plantes mélangées, amalgamées par le mouvement du terrain forment un amendement naturel et qui convient beaucoup aux racines des poiriers, car il y a une bien grande différence entre ces décompositions de végétaux et les fumiers animaux que les propriétaires font enfouir assez malheureusement au pied de leurs poiriers, opération qui les dépêche plus ou moins vite dans l'autre monde.

Je connais des plantations de poiriers qui ont été faites ainsi dans des localités où il était presque impossible de pratiquer des trous pour placer les arbres, à cause de l'énorme quantité de cailloux qui existaient dans l'épaisseur du sol, ce qui faisait dire qu'il n'y avait pas de terre pour cacher les pierres; cependant tous ces arbres fruitiers prospèrent dans ces terrains là; c'est qu'ils ont trouvé une terre tout à fait neuve, qui n'a jamais été épuisée par une génération fruitière; ils prospéreront tant qu'une main habile saura les diriger sans mutilations et sans violences, car ce ne sont pas les incisions, les torsions, les plaies de toutes espèces qui peuvent jamais faire de beaux et bons arbres; je vois journellement des individus ainsi traités qui n'en sont ni mieux portants, ni plus vigoureux, ni plus fertiles.

*Hist. du Poirier.*

### *Variétés de poires dignes d'être admises dans un jardin.*

**1. Poire Madeleine. — Citron des Carmes.**

Cette poire, l'une des meilleures parmi les plus précoces, peut garnir la table pendant quinze jours ou trois semaines; elle n'est pas fort grosse, et a la peau d'un vert clair qui jaunit agréablement en murissant. Ce fruit est très-fondant, d'un parfum fort agréable et mûr vers le 20 juillet un peu plus tôt un peu plus tard, suivant que la saison est plus ou moins favorable Comme ce fruit se détache facilement de l'arbre, il est bon de le cueillir dès qu'il commence à prendre une teinte jaunâtre et de le porter au fruitier où il finit de mûrir et où il est sauvé de la voracité des loirs et des limaçons qui attirés par l'odeur agréable qu'il répand, ne manqueraient pas de l'entamer.

Le poirier Madeleine est très-fertile, se garnit peu de branches, et est de la série de ceux qui doivent être taillés un peu court quand il est greffé sur cognassier, où il ne se plaît guère, car il y est peu adhérent et forme toujours une protubérance extraordinaire à la soudure de la greffe; mais greffé sur franc à tige en plein vent on peut l'admettre dans le verger où il est ordinairement d'un bon rapport. Ses feuilles sont assez larges et pendantes, formant assez souvent la gouttière; son bois est brun et on dirait un peu strié, les yeux peu renflés. Cet arbre peut se cultiver sous toutes les formes; on en plante ordinairement un individu à bonne exposition pour avoir ses fruits de bonne heure, on évite par là que ses grandes et nombreuses fleurs ne soient détruites par les gelées tardives.

**2. Poire d'Epargne, à Orléans Beau-présent.**

Comme ce poirier se garnit mal de rameaux pour pouvoir former une pyramide, un jardinier un peu habile peut parer cet inconvénient en plaçant dans les vides autant de greffes à la Duval qu'il sera nécessaire; la même opération peut se faire en espalier, la réussite étant assurée lorsque l'opération est faite sur un sujet bien en sève et par un beau temps.

L'arbre très-fertile se garnit mal de

branches, quand il est greffé sur cognassier, il a le bois gros, de couleur brun noirâtre; les feuilles sont larges, pendantes et duveteuses dans leur jeunesse; les fleurs sont belles et grandes, portées sur des pédoncules très-longs; fruits de moyenne grosseur allongés, peau très-lisse, mince quelquefois, assez colorés du côté du soleil; chair très-fondante et agréable, ils mûrissent vers la fin de juillet; il est bon aussi de les cueillir un peu avant qu'ils aient pris la teinte jaune qui annonce la maturité, parce qu'ils pourraient quitter l'arbre et tomber à terre.

### 3. Poire Ognonet, archiduc d'été.

Cet arbre, très-fructueux, se plaît assez sur cognassier; il a le bois brun tiqueté de points blancs, les feuilles larges se soutenant assez bien, ses fleurs sont assez grandes, ses fruits assez gros de forme aplatie sur leur diamètre; peau un peu rude, de couleur grise et jaune, quelquefois coloré du côté du soleil; chair un peu cassante et relevée; au premier coup d'œil ses fruits ressemblent assez à la crassanne. Ce poirier s'élève bien en pyramide et fructifie beaucoup si on a soin de l'allonger un peu à la taille; greffé sur franc, il pourrait avantageusement faire partie du verger, parce que, chargeant beaucoup et murissant vers les premiers jours d'août, on pourrait facilement se défaire des fruits.

### 4. Gros Rousselet.

Ce poirier est vigoureux, son bois est uni, noirâtre; ses feuilles larges, luisantes; ses fleurs belles, assez grandes, portées sur de longs pédoncules; ses fruits sont allongés, d'abord gris, puis rougeâtres lorsqu'ils sont près de mûrir, la chair est un peu cassante et très-parfumée, il mûrit vers la mi-septembre. Lorsque cette espèce est greffée sur cognassier et qu'elle est dans un terrain léger, elle est sujette à la maladie nommée brûlure; greffé sur franc il devient un arbre de première taille parmi les poiriers.

### 5. Le Doyenné ordinaire ou Saint Michel.

Il a le bois un peu roux, les yeux ou gemmes assez proéminents; ses feuilles sont étroites, mais allongées en pointe, supportées par des pétioles assez fermes; ses fleurs sont petites, portées par des pédoncules très-courts; ses fruits gros, de forme bien arrondie par la base, légèrement rétrécis vers la queue qui est très-courte et accompagnée d'une callosité; sa peau est très-unie, quelquefois tiquetée de petits points bruns qui disparaissent à la parfaite maturité qui arrive vers la fin de septembre, quelquefois un peu plus tôt, suivant que la saison est plus chaude. Cet excellent fruit ne se garde pas longtemps; il est bon de le cueillir avant sa parfaite maturité et de le porter au fruitier où il achève de mûrir, mais il faut avoir la précaution de le poser doucement dans les paniers, car ce fruit est très-tendre et le moindre choc le meurtrirait et formerait des taches désagréables lorsqu'il paraîtrait sur la table. Ce poirier est l'un des plus fertiles et le plus facile à donner des fruits, il fait fort bien en pyramide où il donne de très-beaux fruits.

Le doyenné blanc que l'on a toujours confondu avec celui-ci est de qualité aussi bonne, mais il est beaucoup moins gros; son fruit qui forme mieux la poire, n'est pas tiqueté, et, d'un vert plus prononcé, se conserve un peu plus longtemps; on voit fréquemment cette espèce dans les jardins du départ. de l'Oise.

Lorsque le doyenné mûrit sur l'arbre, on est exposé à en perdre beaucoup; les perce-oreilles et les limaces attirés par l'odeur, entament les fruits qui, pour lors, sont fort tendres; il ne faut qu'une seule nuit pour en perdre beaucoup; les guêpes aussi en sont fort friandes.

### 6. Doyenné gris.

Ce poirier a le bois un peu plus brun que le Saint-Michel, avec des yeux plus renflés. Les feuilles sont assez semblables au Saint-Michel, mais d'un vert plus sombre; ses fleurs sont les mêmes portées sur des pédoncules très-courts; les fruits de la même grosseur que le doyenné ordinaire ou Saint-Michel, sont d'un vert foncé accompagné de larges taches grises, parfois un peu rudes au toucher; ce beau fruit est encore d'une qualité supérieure au Saint-Michel, il ne mûrit guère que vers la fin de novembre et tout le mois de décembre. Ce poirier fructifie facilement, on peut en faire de belles pyramides ou des éventails; en espalier, le long d'un mur, il donne des fruits étonnants pour leur grosseur, qui ne sont pas sujets à mollir comme beaucoup d'autres fruits.

7. Doyenné, duchesse d'Angoulême.

Ce poirier vigoureux a le bois rougeâtre assez lisse, les yeux gonflés ou proéminents seulement sur les rameaux les plus vigoureux; les feuilles sont assez longues et étroites, formant la gouttière, portées sur des pédoncules assez solides; les fleurs petites sont néanmoins portées sur des pédoncules plus allongés que dans les autres doyennés, mais qui doivent être d'une grande solidité pour pouvoir supporter un fruit aussi volumineux; il est très-renflé vers la base et vers le milieu et rétréci d'une manière obtuse vers l'extrémité supérieure; dans un sol très-riche il perd sa forme la plus ordinaire pour en changer et en prendre de gigantesques, au point qu'il est difficile même à un homme instruit de le reconnaître. Ce fruit se mange en novembre et décembre, j'en ai conservé jusqu'en janvier, il est excellent, mais il ne faut pas se presser, car souvent quoiqu'il prenne une teinte jaunâtre, il n'est pas encore assez atteint pour avoir acquis toute sa maturité, et bien des personnes se sont mal prévenues en sa faveur pour avoir voulu manger de ses fruits avant qu'ils soient parfaitement mûrs. Ces fruits ont l'avantage de tenir parfaitement à l'arbre et j'en ai vu des pyramides cruellement tourmentées par le vent, sans que pour cela aucun fruit se détachât; la nature a tout prévu et a su garantir cet admirable fruit des avaries qui arrivent à d'autres bien que d'un volume moindre; au reste, ce bel arbre peut facilement prendre les formes qu'il plaît de lui donner et est toujours d'une grande fertilité.

8. Doyenné d'hiver.

Je ne répéterai pas ici ce que j'en ai dit précédemment en parlant de la culture et de l'éducation des poiriers, je dirai seulement qu'on ne peut trop multiplier un aussi beau et bon fruit, j'en ai vu en 1847 qui étaient d'un volume extraordinaire et d'une forme tout à fait différente de son espèce; les propriétaires de ces fruits étaient dans l'admiration de posséder des fruits aussi beaux provenant d'arbres que je leur avais vendus et cultivés.

9. Bon-Chrétien d'été, Gracioli.

Ce poirier est vigoureux, pousse de longs bourgeons de couleur brune, quelquefois contournés en différents sens lorsqu'il est négligé, en palissade ou bien en pyramide; il a les feuilles très-larges, ovales, pointues et luisantes, d'un vert noir en recouvrement les unes sur les autres en manière de tuiles; ses fleurs sont très-belles et très-grandes, portées sur des pédoncules longs; ses fruits pyramidaux tronqués à l'extrémité, bossus, très-jaunes lorsqu'ils sont mûrs, sucrés et très-succulents; c'est un fruit du mois de septembre et un bel ornement pour la table. Ce poirier est l'un de ceux que l'on doit tailler peu ou pas du tout, chaque bourgeon de l'année étant muni d'un bouton à fruit à son extrémité; les personnes qui veulent le soumettre à la taille suivant les principes ordinaires, n'ont que peu ou point de fruit, mais quand cet arbre est traité par une main habile, on peut également lui faire prendre toutes les formes désirables et avoir du fruit.

Si ce bon chrétien était greffé sur franc, on pourrait en former des guirlandes plus légères et plus agréables que celles qu'on fait avec la vigne.

10. Beurré gris.

Ce poirier, très-disposé à donner des fruits, est assez délicat; il prospère peu dans les terrains bas où il gèle et se détruit dans les hivers rigoureux; mais greffé sur cognassier et planté dans un sol qui lui convient, il fait des merveilles; son bois est de couleur rouge et comme mar ué de points blancs et de stries longitudinales; ses yeux ou gemmes sont très-proéminents, ses feuilles larges, fermes, dentées un peu en gouttière, repliées en dessus; ses fleurs petites sont, portées sur des pédoncules de moyenne longueur; le fruit est gros, fort bien fait, un peu plus renflé obliquement, plus d'un côté que de l'autre, un peu rétréci du côté supérieur, il a le fond vert souvent tiqueté de taches grises ou rousses; quelquefois ces taches sont par veines longitudinales, et quelquefois aussi il se colore légèrement du côté du soleil; sa peau est très-mince, sa chair est très-fondante, sucrée, relevée d'un parfum des plus agréables; ce délicieux fruit doit être cueilli dès qu'il commence à mûrir, surtout avec toutes les précautions possibles, afin qu'il ne reçoive aucune tache, ce qui le conduirait bientôt à la pourriture. Les fruits devront être déposés au fruitier où ils achèveront de mûrir sur un lit de feuilles de fougère cueillies à cet effet ; cette récolte se fait vers la fin de septembre eu un peu plus tôt suivant que la saison est plus ou moins chaude ; ainsi arrangés sur la fougère, ils se conservent jusque en novembre, époque u'ils atteignent rarement en d'autres circonstances. Ce poirier, lorsqu'il est greffé sur franc, devient d'un vigueur étonnante et s'élève très-bien en pyramide, forme sous laquelle il produit de beaux fruits ; quand on a le soin de l'ébourgeonner, il a une telle affinité à vivre avec le franc que quelquefois il en prend les caractères, au point qu'il devient épineux comme le type, ce qui n'a jamais lieu sur cognassier ; ce poirier doit être taillé un peu court, car il a toujours une tendance à se dégarnir dans l'intérieur, soit en éventail, soit en pyramide ; par ce moyen on distribue la sève également partout; d'où résulte une grande quantité de boutons à fruits.

### 11. Beurré d'Aremberg.

Ce poirier est assez vigoureux, très-fourni de rameaux inutiles quand on n'a pas soin de l'ébourgeonner; il se plaît également sur franc et sur cognassier; son bois est vert-brun, lisse, piqueté de blanc; il est très-fertile et donne une quantité prodigieuse de petits dards qui se convertissent en boutons à fruits; lorsqu'il est sur franc, ces mêmes dards sont munis d'une ou deux épines ; comme il est vigoureux, il faut qu'il soit sévèrement ébourgeonné ; ses feuilles sont épaisses, d'une consistance un peu ferme, dentées, relevées en dessous par l'extrémité ; ses fleurs sont petites, portées sur des pédoncules assez courts ; le fruit est de la grosseur du beurré gris, mais de couleur vert foncé qui ne se colore pas même au soleil, sa peau est mince ; sa chair, d'un blanc de neige, très-fondante, délicieuse ; l'eau en est très-relevée, d'une saveur bien agréable ; mais il faut absolument ne le manger que quand il est parfaitement mûr. Comme ce fruit ne mûrit pas tout ensemble, il s'ensuit que des personnes un peu trop empressées ont été trompées croyant manger un fruit mûr, tandis qu'il ne l'était pas ; au reste, quand il est en pleine maturité, il est tout à fait jaune; on en conserve facilement jusqu'en janvier. Cet arbre s'élève très-bien en pyramide ou en palmette à la Forsith.

### 12. Beurré magnifique, Beurré royal.

Ce poirier pousse vigoureusement, il se plaît également sur cognassier, comme sur franc; son bois est un peu roux, lisse, les yeux un peu renflés ; ses feuilles sont grandes, dentées, un peu coriaces, relevées en gouttière par dessous; ses fleurs sont de moyenne grandeur, pédoncules assez longs, fruits très-gros, de la forme du beurré marqués de points bruns, et d'un jaune pâle lorsqu'il est en maturité ; sa peau est un peu épaisse sa chair très-tendre, fondante, sucrée, relevée d'une saveur particulière fort agréable; il mûrit en octobre, novembre et décembre.

Ce poirier est fertile, et sur cognassier comme sur franc il est toujours disposé à donner des fruits ; il est éminemment convenable pour faire de très-belles pyramides comme de très-beux éventails; il est le plus grand arbre parmi les beurrés ; lorsqu'il est sur franc on peut lui laisser à la taille des rameaux dans toute leur longueur ; dans la même année ces rameaux se garnissent de boutons à fruits d'un bout à l'autre et après la récolte du fruit on les supprime, puis on les remplace par d'autres si on le juge à propos.

### 13. Beurré Chaumontel.

Ce poirier pousse avec vigueur, se plaît bien sur cognassier comme sur franc; lorsqu'il est en pyramide il se garnit peu à l'intérieur, mais les branches principales sont toujours terminées par de forts bourgeons de 1m à 1m30 de longueur ; pour peu qu'on allonge la taille il se forme une quantité de boutons à fruits ; son bois est rouge, strié, marqué de points blancs; ses feuilles épaisses, dentées, larges, relevées par les côtés et formant la gouttière ; ses fleurs sont petites, supportées par des pédoncules courts; les fruits viennent ordinairement par groupes de quatre à cinq, ils sont d'abord d'un vert très-prononcé, renflés vers le milieu, bossus, la peau très-lisse, se colorent du côté du soleil à mesure qu'ils acquièrent de la grosseur ; la chair est très-fondante, sucrée, eau d'un goût relevé qui plaît à bien des connaisseurs. Ces fruits, quelquefois très-gros, mûrissent vers la fin de novembre et successivement jusqu'à la fin de janvier et quelquefois plus tard. Ce poirier fait très-bien en espatier où ses fruits viennent plus gros qu'ailleurs; ils sont quelquefois nombreux et groupés les uns sur les autres, preuve de la grande fécondité de ce poirier. Lorsqu'il est sur franc, ses fruits sont moins gros, mais très-colorés d'un rouge brun qui devient plus clair à mesure que le fruit approche de sa maturité; comme le beurré gris il prend aussi des épines.

14. Milan blanc, Bergamotte d'été.

Ce poirier est d'une grande fécondité; son bois est pâle, comme farineux à la partie supérieure des yeux, la partie supérieure des bourgeons tout à fait blanchâtre; ses feuilles sont cotonneuses, étoffées, formant la gouttière, relevées en dessous; ses fleurs, de moyenne grandeur, sont portées par des pédoncules assez courts; le fruit, assez gros, est de forme oblongue, de couleur verte marquée de points et de taches rousses, beurré, fondant et excellent, il mûrit dans les derniers jours d'août et au commencement de septembre; greffé sur cognassier, ce poirier pousse peu mais, produit beaucoup de fruits qui ne sont jamais pierreux, il convient beaucoup pour les petits jardins; il n'est pas assez multiplié, on en voit peu dans les plantations; en tige dans les vergers il est d'un bon rapport, il fait un bon effet et produit beaucoup en pyramide.

15. Bergamote d'automne.

Ce poirier est assez vigoureux et peut former de beaux éventails et de belles pyramides; son bois est de couleur pâle, très-lisse, marqué de points blancs; ses feuilles sont étoffées, épaisses, un peu cotonneuses, formant un peu la gouttière; ses fleurs sont moyennes, portées sur des pédoncules courts; le fruit est gros, de forme turbiné, jaune et rouge, très-beurré, sucré, il mûrit vers la fin d'octobre et se conserve jusqu'à la fin de décembre.

16. Bergamote suisse.

Ce poirier fait très-bien en plein vent où il est d'un grande fécondité; il a le bois rayé de diverses couleurs, lisse; ses feuilles forment légèrement la gouttière, sont très-glabres des deux côtés; ses fleurs assez grandes, sont portées sur des pédoncules assez longs; ses fruits, rayés ou panachés de plusieurs couleurs, sont de forme allongée, formant bien la poire et très-luisants; la peau en est très-mince, il mûrissent depuis octobre jusqu'en décembre; lorsqu'ils sont bien mûrs, ils sont très-beurrés, fondants et sucrés. Cet arbre est facile à élever en pyramide où il donne beaucoup de fruits.

Ce poirier, par sa grande fécondité et le peu de branches qu'il donne, peut convenir pour de petits jardins.

17. Crassane, Bergamote crassane, Délice de Napoléon.

Ce poirier est très-vigoureux; greffé sur cognassier ou sur franc, il végète avec force; son bois est de couleur pâle et lisse, se contournant dans tous les sens, il est de la série de ceux que l'on doit tailler avec beaucoup de circonspection pour en obtenir de beaux fruits: en espalier, par exemple, il suffit de l'ébourgeonner sévèrement. de tailler très-longs les rameaux réservés ou ne les pas tailler du tout, par ce moyen, on obtiendra des boutons à fruit partout où il ne se serait formé que des yeux à bois.

Les propriétaires se plaignent avec raison de ce que leurs poiriers ne donnent pas de fruits; ils ne s'imaginent pas que ce poirier demande une éducation et des soins tout particuliers pour donner des produits dès les premières années de plantation, les jardiniers eux-mêmes ne font aucune différence et traitent une crassane comme ils font un doyenné, aussi le résultat en est bien différent; en espalier, au levant et même au nord, il donne des fruits de la plus grande beauté; en pyramide, il faut allonger les branches latérales, conserver sous celles-ci d'autres branches moyennes qu'on laisse dans leur entier, et que, pour plus de propreté, on fixe ou on attache après la branche principale au moyen d'un petit osier. Ces bourgeons se mettent à fruit incessamment, tout en affaiblissant la trop forte végétation des branches principales qui elles-mêmes sont obligées de se mettre promptement à fruit; il arrive souvent que des tailles précédentes il en sort de longs dards de 25 à 28 cent. de long, parfaitement nourris, qui sont terminés par un gemme arrondi; ces sortes de dards doivent être conservés intacts, c'est un présent que nous fait la Providence; car si l'arbre est bien gouverné, tous ces dards se transformeront en boutons à fruits pendant la campagne suivante et donneront l'espoir d'une abondante récolte.

Comme les bourgeons ou rameaux qui terminent la pyramide sont rarement droits, il est nécessaire d'ajuster un tuteur proportionné à la force du bourgeon terminal en l'attachant solidement à la taille précédente au moyen d'un léger osier, et de dresser avec précaution ce bourgeon terminal et de le fixer au moyen de plusieurs mailles de petit osier, et si, comme cela arrive assez souvent, cette branche ou rameau se trouvait avoir développé, dans sa longueur, de petits rameaux qu'on nomme sous-bourgeons, il faudrait les conserver soigneusement, car ce serait autant de beaux boutons à fruits pour l'année suivante. La crassane, greffée sur franc et abandonnée à elle-même, donne beaucoup de fruits, mais de moitié moins gros que ceux venus en espalier ou en pyramide; ils ont aussi la peau plus rousse et plus rude, mais sont également bons, quelquefois pierreux dans les années pluvieuses.

Comme ce poirier se prête volontiers à toutes les formes qu'on veut lui faire prendre, on pourrait en faire de très-belles palmettes dirigées sous plusieurs formes qui conviendraient bien à sa forte végétation; on pourrait également en former des cordons ou guirlandes qui, moins volumineuses que la vigne, pourraient aussi être fort agréables par la quantité de fruits, presque tous apparents et attachés à de longs pédoncules.

Les fleurs de la crassane sont belles et grandes, supportées par des pédoncules très-longs ; ces fleurs, par exception au caractère générique, sont quelquefois composées de dix à douze pétales; les fruits n'ont pas toujours la même forme ; en plein vent, ils sont ronds ; en pyramide, ils sont plus ovoïdes, et en espalier, ils varient davantage pour la forme et la grosseur ; quelques-uns ressemblent à de très-gros Colmar et d'autres, de forme aplatie sur leur diamètre, sont semblables à l'ognonet ou amiret roux ; il en est aussi qui sont très-vertes lorsqu'elles viennent au nord, tandis que celles au levant ont un fond jaunâtre avec un peu de rouge du côté du soleil ; ce fruit, très-gros en espalier surtout, est excellent, très-fondant, sucré et relevé ; on le cueille avec soin vers la mi-octobre, et on peut encore en avoir en février.

### 18. Belle de Bruxelles.

Ce poirier est l'un des plus vigoureux que je connaisse, même lorsqu'il est greffé sur cognassier ; il a le bois d'un vert brun, d'une grosseur et vigueur extraordinaires, les yeux un peu renflés et environnés à la partie supérieure d'une poussière blanchâtre ; cet arbre est l'un de ceux les plus convenables pour former de belles pyramides, parce qu'il se garnit peu de bourgeons dans l'intérieur, et quoique d'une grande vigueur, son bois étant fort gros, forme toujours un empâtement ou soudure assez large à la jonction de la dernière taille, de manière que la séve trouvant un canal ouvert et facile, s'y porte avec abondance, et qu'il y a peu à faire dans l'intérieur, seulement il faut surveiller les extrémités des branches latérales, afin qu'il ne s'y développe pas deux ou trois forts bourgeons qui pourraient altérer les branches voisines de celle-ci. Ce poirier est très-fécond, il n'est pas avare de donner des dards qui sont presque toujours terminés par un bouton à fruit ; ses feuilles sont épaisses, un peu dentées, formant la gouttière, un peu relevées en dessous; ses fleurs sont assez grandes, portées sur des pédoncules très-longs. Ce poirier est d'une rare élégance lorsqu'il est chargé de ses fruits très-gros, ronds, suspendus à de longs pédoncules tellement privilégiés de la nature qu'ils tiennent très-fort à l'arbre, et que le vent ne peut les détacher, quoique jaunes et parfaitement mûrs. Ce beau fruit mûrit en septembre et octobre.

### 19. Verte-longue ou Mouille-bouche.

Ce poirier est très-fertile et assez vigoureux, même sur cognassier ; son bois est d'un vert très-prononcé, marqué de beaucoup de points blancs; ses feuilles sont assez larges, planes, luisantes et souvent repliées en dessous par les bords ; ses fleurs sont assez grandes, portées sur des pédoncules de moyenne longueur; les fruits, ordinairement assez nombreux, sont verts, de forme allongée, de grosseur moyenne, très-lisses, à peau mince, chair très-fondante et très-excellente, ne se colorant presque pas, même au soleil. Ce délicieux fruit mûrit successivement d'octobre jusqu'en janvier. Cet arbre, quoique assez vigoureux, ne se garnit pas beaucoup de bourgeons inutiles, mais il est très-fécond et facile à diriger, soit en espalier soit en pyramide où il donne des guirlandes de fruits admirables.

### 20. Beurré d'hiver.

Ce poirier est aussi un arbre vigoureux ; son bois est gros, d'un vert pâle; les yeux, assez rapprochés, sont peu saillants; ses feuilles sont assez larges, étoffées, formant gouttière ; ses fleurs moyennes, portées sur des pédoncules assez longs; les fruits de forme très-régulière, renflés vers la base, aplatis sur leur diamètre, rétrécis vers le pédoncule; ils sont très-gros, la peau en est mince, marquée de petits points bruns et de couleur vert tendre prenant ensuite une couleur jaune tendre à mesure qu'ils acquièrent de la grosseur; la chair est très-tendre, beurrée, sucrée, délicieuse; ce beau fruit commence à mûrir vers la fin de décembre et successivement jusqu'en février. Ce poirier, par sa vigueur, son port, sa grande fécondité, sa facilité à s'élever en pyramide, peut faire pendant avec la belle de Brûxelles; ses beaux fruits suspendus lui donnent une élégance peu commune aux autres espèces de poiriers.

### 21. Beurré rance.

Ce poirier est d'une grande fécondité sur franc et sur cognassier; son bois est de couleur gris pâle, gros, court, yeux ou gemmes peu saillants, ses fleurs sont petites, supportées par des pédoncules courts; les fruits gros, de forme assez régulière, un peu plus renflés du côté qui regarde le soleil, d'un vert pâle, marqué de taches rousses ou grises, l'œil proéminent, de manière que ce fruit ne peut se tenir sur son grand diamètre; il jaunit en mûrissant, sa chair est très-fondante, accompagnée d'eau très sucrée, relevée d'un goût aigrelet semblable à la crassane. La propension de ce poirier à donner du fruit l'empêchera toujours de faire un grand arbre; il est très-facile à former en pyramide et peut très-bien convenir pour les petits jardins, ne tenant pas beaucoup de place et donnant beaucoup de fruits.

### 22. Angleterre.

Ce beau poirier est vigoureux, s'élevant verticalement à une grande hauteur; il est peut-être le seul qui ait une tendance aussi prononcée à s'élever aussi droit; son bois est brun, marqué de points blancs, console des yeux très-élevée, feuilles allongées, un peu rétrécies, luisantes, formant un peu la gouttière; fleurs maigres, portées sur un pédoncule de moyenne longueur; fruit allongé, de moyenne grosseur, gris marqué de points bruns, quelquefois de taches rousses assez larges, fondant, très-succulent; en espalier, ce fruit vient une fois plus volumineux, et jamais pierreux; il est généralement recherché pour sa bonne qualité, sa maturité est en septembre et partie d'octobre. Cet arbre fait très-bien en plein vent où il est d'un grand rapport lorsqu'il est greffé sur franc, quoique sur cognassier, il fasse bien aussi en espalier où il est facile à conduire; il peut aussi former des pyramides fort élégantes par la disposition naturelle de ses branches verticales et droites.

Il y a sur le territoire de Saint-Michel, commune de la Selle Saint-Cloud, un poirier d'Angleterre qui a plus de 20 mètres de hauteur; l'échelle pour cueillir les fruits étant trop embarrassante et trop lourde, le propriétaire la laisse dressée dans l'arbre toute l'année.

### 23. Angleterre d'hiver.

Ce poirier est aussi vigoureux que le précédent; son bois brun, maigre, lisse, ses yeux aplatis, ses feuilles allongées, étroites, relevées en gouttière; ses fleurs petites, portées sur des pédoncules de moyenne longueur, son fruit moyen, d'un vert grisâtre qui devient jaune lorsqu'il approche de sa maturité, qui arrive en décembre et dure jusqu'en février; il est très-succulent, la chair blanche, beurrée, très-tendre. Ce poirier fait fort bien en espalier où il n'est pas difficile à diriger, ainsi qu'en pyramide où il s'élève assez verticalement.

### 24. Messire Jean gris.

Ce poirier est vigoureux, il a le bois d'un brun noir, cannelé, console des yeux élevée; greffé sur franc il fait très-bien en plein vent; sur cognassier il fait très-bien en espalier au nord ou au levant; il fait aussi très-bien en pyramide, où il forme de très-beaux individus, mais pour qu'il fructifie bien il faut soigneusement l'ébourgeonner et proportionner la taille selon la végétation, c'est-à-dire le tailler un peu plus long que trop court; il faut aussi lui laisser entiers tous les dards qui poussent à l'intérieur de l'arbre; ses feuilles sont ovales, étoffées, comme bosselées, souvent un peu fermées en dessus, ses fleurs sont moyennes portées sur des pédoncules assez courts; le fruit, lorsqu'il vient en espalier, devient gros, renflé vers le milieu, de couleur gris foncé, la peau rude et épaisse; mais lorsqu'il est mûr, ce qu'on aperçoit lorsqu'il est un peu jaune, sa chair est cassante, accompagnée d'une eau sucrée fort agréable; on peut en manger vers la dernière quinzaine d'octobre, tout le mois de novembre et une partie de décembre; en plein vent, le fruit est très-bon, mais dans les années pluvieuses, il est quelquefois pierreux. C'est d'ailleurs un poirier d'une grande fécondité, il pousse bien en pyramide et fournit assez souvent sur les rameaux de l'année des dards de 3 à 9 cent. de long qu'il faut se garder de supprimer, c'est autant de boutons à fruit pour l'année suivante.

25. Messire Jean doré.

Ce poirier est une variété du Messire Jean gris dont le fruit, tout à fait jaune, paraît toujours en maturité; l'arbre qui le produit porte les mêmes caractères que le Messire Jean gris, le fruit est de la même forme et grosseur; seulement la peau qui recouvre la chair est très-douce et très-mince; les Messire Jean qui sont au nombre de quatre, dont ceux-ci font partie, ont tous quatre les mêmes caractères de bois, de fleurs et de feuilles, et la même manière de végéter qui est de donner des rameaux trés-droits, sans confusion et des fruits en quantité. La poire de Sabine, qui donne un fort beau fruit, plus fondant que le Messire Jean, et la jaminette qui donne aussi un fruit gris assez gros, sont les deux autres.

26. Sucré vert.

Ce poirier, l'un des plus vigoureux que je connaisse, même sur cognassier, donne de gros et longs rameaux de couleur gris pâle; yeux assez rapprochés, aplatis; ses feuilles sont d'une consistance ferme, allongées, unies sur les bords et relevées un peu en dessous; ses fleurs grandes, à pédoncules courts; ses fruits turbinés, rétrécis vers le pédoncule d'un vert gai qui pâlit en mûrissant, la peau est extrêmement fine, la chair fondante, beurrée, très-sucrée et parfumée; sa maturité est fin de septembre et pendant octobre; il est bon de cueillir un peu avant que les fruits aient acquis leur maturité, car ils quittent facilement l'arbre et se blessent en tombant: il est toujours désagréable d'avoir des fruits meurtris qui ne tardent pas à être attaqués de pourriture. Cet arbre charge beaucoup à fruit si le jardinier a soin de lui donner une taille proportionnée à la force des rameaux.

27. Jalousie.

Ce poirier se plaît assez sur cognassier où il fructifie abondamment; sur franc il fait un arbre régulier, n'étant pas fougueux dans sa végétation; son bois est roux, lisse; yeux peu élevés; feuilles longues, dentées, étoffées, un peu bosselées, comme velues dans leur jeunesse, un peu recourbées en dessous; fleurs moyennes, portées sur des pédoncules assez longs; fruits très-longs, renflés vers le milieu, roux, jaunissant légèrement en mûrissant; chair très-sucrée, beurrée, relevée, d'une eau très-parfumée; fort bon et beau fruit qui se mange en novembre, décembre et jusqu'en janvier. Cet arbre est très-fécond, très-disposé à donner une quantité de fruits égaux en grosseur et jamais pierreux, il doit être taillé un peu court.

28. Saint-Germain.

Cet excellent poirier est très-vigoureux lorsqu'il est greffé sur franc; planté en espalier ou en pyramide il est toujours remarquable par son étendue et son élégance; en pyramide, quand il est gouverné par un habile jardinier, son bois est d'un vert tendre, très-lisse, marqué de quelques points blancs; la console des yeux est peu élevée, les feuilles sont lancéolées, étroites, unies sur leur bord, formant la gouttière et assez souvent contournées ou relevées en dessous; les fleurs sont petites, assez maigres, portées sur un pédoncule court, épais; le fruit est pyramidal, long, un peu plus renflé en dessus, vert quelquefois marqué de taches grises, quelquefois un peu coloré du côté du soleil, quelquefois aussi sillonné de lignes rougeâtres qui partent du pédoncule et s'allongent jusqu'à l'orifice inférieur; au reste, ce fruit varie beaucoup de forme, de couleur, de grosseur, suivant les divers terrains et les positions où il est placé, et suivant aussi les soins qu'un habile jardinier lui aura donnés; sa peau est épaisse, quelquefois assez rude; sa chair très-fondante, très-excellente, accompagnée d'une eau d'un goût relevé, très-parfumé; il mûrit depuis novembre jusqu'en avril et même en mai. Ce poirier, greffé sur cognassier, planté en espalier au levant, donne des fruits d'une beauté rare et d'une qualité supérieure; sur franc il est facile d'en faire de très-belles pyramides, lesquelles étant bien soignées, donnent en peu de temps de très-beaux fruits; en plein vent il ne prospère pas parce qu'il craint le froid et périt en partie dans les hivers un peu rigoureux.

29. Saint-Lezin. — Poire de Curé.

Ce poirier vigoureux a le bois vert pâle marqué de points bruns, lisse, yeux aplatis; les feuilles sont larges, ovales, planes, pointues et pendantes;

ses fleurs sont grandes, se soutenant bien, portées par des pédoncules longs; les fruits beaux, très-allongés, gros et renflés par le bas, diminuant légèrement de grosseur vers le pédoncule; ils sont lisses, luisants, d'un beau vert; lorsque l'arbre est en espalier, le fruit prend une légère couleur rose du côté du soleil. Ce beau fruit a la chair très-tendre, blanche, fondante, sucrée, eau très-parfumée, abondante; il mûrit vers le commencement de mars et prend une légère couleur jaune. Cet arbre fait très-bien en espalier, soit au levant soit au nord, en palmette ou en éventail; il fait aussi très-bien en pyramide, où ses fruits suspendus sont d'un fort bel effet. Ce poirier ne peut guère être en plein vent dans un verger, à cause de la longueur de ses fruits; le vent les faisant battre les uns contre les autres, ils se détruiraient en grand partie.

30. Bon-Chrétien d'hiver ancien.

J'ai ci-devant suffisamment décrit ce poirier; il est un de ceux qui doivent jouir de la plus grande considération, et on doit toujours le protéger et lui accorder la meilleure place dans le jardin.

31. Bon-Chrétien d'Auch.

Ce poirier, assez vigoureux sur franc comme sur cognassier, a le bois vert-brun, lisse, les yeux aplatis; les feuilles, d'une consistance assez ferme, sont ovales, pointues, et presque toutes contournées sur le côté, très-luisantes; les fleurs sont grandes, portées par des pédoncules de moyenne longueur; le fruit est de forme ovale, renflé par le bas, légèrement rétréci vers la queue; il est et reste presque toujours vert; cependant, en espalier, la force du soleil le contraint de prendre une légère teinte de rose; la peau en est mince; la chair est d'un blanc de neige très-beurré, d'une saveur tout à fait extraordinaire et des plus agréables. Cet admirable fruit commence à mûrir vers le milieu de décembre et continue jusqu'en février. On ne peut faire trop attention quand on veut le manger, parce qu'à sa maturité il ne prend qu'une très-légère teinte de jaune, ce qui fait qu'on entame quelquefois un fruit qui n'est pas suffisamment atteint de maturité. Cet arbre fait très-bien en plein vent, où il donne beaucoup de fruits; comme le bon-chrétien d'hiver, il contourne ses rameaux dans tous les sens, et forme par là une tête touffue dans laquelle les fruits se trouvent abrités. Cette espèce n'est pas très-commune; cependant il en existe de très-belles pyramides dans le jardin de M. Hagermann, propriétaire à Bellevue, près Sèvres, qui ont été fournies par la pépinière de M. Noisette, rue du Faubourg-Saint-Jacques, à Paris, qui possédait à cette époque huit cents variétés de poires : cette collection est peut-être la plus nombreuse qui existe.

32. Bon-Chrétien d'Espagne.

Ce poirier est assez vigoureux; il se plaît sur cognassier comme sur franc; il a le bois rouge, cannelé, strié, la console des yeux est élevée; les feuilles sont larges, roides, ovales pointues, planes, d'un vert luisant; les fleurs grandes, portées sur des pédoncules longs et solides; ses fruits gros, allongés, pyriformes, bien faits, rétrécis par le haut; lorsqu'ils approchent de la fin de leur croissance, ils acquièrent une couleur d'un rouge éclatant, surtout s'ils sont en espalier; la peau en est un peu épaisse et un peu rugueuse; la chair est cassante, remplie d'une eau douce très-sucrée, quand ce fruit approche de sa parfaite maturité, qui arrive vers la mi-novembre jusqu'en janvier. Ce fruit s'emploie aussi à faire d'excellentes compotes.

33. Martin sec, Rousselet d'hiver.

Ce poirier est très-vigoureux, et se garnit de beaucoup de rameaux qui feraient grande confusion si on ne les ébourgeonnait à temps; il a le bois rougeâtre marqué de points jaunes; très-lisse, yeux arrondis, un peu renflés; feuilles longues, pointues, bosselées, relevées par les bords, fleurs grandes, portées par des pédoncules assez longs; le fruit est de moyenne grosseur, pyriforme, allongé, quelquefois bossu, rétréci vers la queue, gris isabelle et rouge, cassant, sucré, d'un parfum agréable très-bon; sa maturité commence en novembre et se continue jusqu'en février. Ce poirier fait très-bien en espalier, où le soleil le colore agréablement lorsqu'il est au levant; au nord il vient plus gros, mais il est d'un gris épais. Il fait très-bien en pyramide, ou il fructifie beaucoup; mais en plein vent, il fait mal, étant un peu sensible à la gelée, et, dans les hivers un peu rigoureux, il perd une partie de ses branches. Ce fruit est délicieux à manger cru, et est encore excellent pour faire des compotes. Il faut absolument que ce poirier soit ébourgeonné avec sévérité, et qu'il soit taillé long, car si on le tient court il devient tout à fait stérile.

### 34. Colmar.

J'ai ci-devant donné la description de ce fruit en parlant de l'éducation de l'arbre qui le porte, et j'ai donné ou indiqué les moyens de le mettre dans le cas de donner beaucoup de fruits.

### 35. Colmar doré.

Ce poirier est une variété du précédent, dont le fruit aussi gros, mais plus allongé, prend une belle couleur jaune à mesure qu'il approche de sa grosseur; en sorte que, quand il est mûr vers le mois de mars, il ne change pas de couleur, mais les fruits qui sont parfaitement mûrs sont un peu fanés ou ridés, et on peut les entamer avec confiance. C'est un fruit des plus délicieux.

### 36. Passe-Colmar.

Ce poirier est vigoureux; il a le bois d'un vert brun, effilé, lisse, yeux aplatis; feuilles étroites, lancéolées, pointues, unies par les bords, pendantes, luisantes, et souvent en faisceaux au nombre de trois ou cinq; les fleurs sont assez grandes, portées sur des pédoncules courts et faibles: le fruit est moins gros que celui du Colmar, mais il est plus allongé, il a la peau très-fine, luisante, jaunâtre, marquée de lignes rougeâtres du côté du soleil; sa chair est très-succulente, fondante, beurrée, eau d'une saveur des plus agréables, très-sucrée; sa maturité commence en novembre et se continue jusqu'en février. Cet arbre est très-fécond, il pousse de longs rameaux, minces, effilés, à peu près rapprochés; il est très-docile, et prend toutes les formes qu'on veut lui donner; il est facile d'en faire de beaux espaliers ou des éventails, ou enfin des pyramides; mais, dans tous les cas, pour qu'il fructifie avec abondance, il faut le tailler un peu long, de cette manière tous les yeux de la branche taillée se mettent à fruit pour l'année suivante; comme le bois de ce poirier est très-flexible, on pourrait, dans les grands jardins, en planter sur franc pour faire guirlande; le corps de l'arbre, étant d'une grande solidité, n'aurait pas besoin de tuteur pour le défendre de l'effort du vent.

### 37. Louise Bonne.

Ce poirier est assez vigoureux; il a le bois vert pâle, marqué de taches blanches; les yeux aplatis; assez rapprochées, les feuilles sont longues, étroites, unies et relevées par les bords, comme dans le Saint-Germain; ses fleurs sont petites, portées sur des pédoncules de moyenne longueur; les fruits sont d'un vert gai, luisants, pyriformes, allongés, légèrement colorés du côté du soleil, prenant une belle couleur jaune pâle; lorsqu'ils sont en maturité, la chair est très-tendre, remplie d'une eau douce un peu relevée. Ce fruit est très-bon dans les terrains secs; il a moins de qualité dans les terrains humides, mais il y acquiert une grosseur extraordinaire; l'arbre se plaît beaucoup en espalier et est très-fructueux. Il est bon de cueillir ce fruit un peu de bonne heure, parce que les pluies d'automne le font détacher de l'arbre: sa maturité est à la fin de novembre et se continue jusqu'à la fin de janvier. En taillant ce poirier à moitié de ses rameaux, on est toujours sûr d'obtenir beaucoup de boutons à fruit; en pyramide il donne beaucoup, et veut être sévèrement ébourgeonné à l'intérieur.

### 38. Franc-réal.

Ce poirier est assez vigoureux et en même temps très-fécond; il a le bois gros, d'un vert blanchâtre, comme farineux, les yeux assez fortement prononcés; les feuilles sont cotonneuses, légèrement dentées sur les bords, qui sont relevés et forment gouttière; les fleurs sont assez grandes, portées sur des pédoncules courts et velus; fruits gros, ovales, marqués de points roux, de couleur vert jaunâtre. Cet arbre, très-productif, vient bien en plein vent; lorsqu'on le cultive en espalier, il est d'une grande fécondité; il se plaît au nord; il fait aussi très-bien en pyramide, où il se fait remarquer par l'élégance de ses rameaux droits et de son feuillage de couleur blanche; sous cette forme il donne aussi une quantité de beaux fruits, mais qui ne sont bons qu'à cuire en octobre, novembre et décembre.

### 39. Royale d'hiver.

Ce poirier est très-vigoureux; il a le bois brun pâle marqué de points blancs, très-lisse, luisant; yeux arrondis, peu élevés; feuilles larges, planes, luisantes, ovales, pointues, unies sur les bords; les fleurs sont grandes et belles, portées sur des pédoncules très-longs et pendantes; le fruit est gros, pyramidal, vert, très-renflé par le bas, un peu bossu et rétréci vers la queue, peau très-lisse, un peu épaisse;

la chair en est fondante, très-tendre, sucrée, l'eau abondante et agréable ; lorsque ce fruit entre en maturité, il prend une légère couleur jaune ; ce fruit a le réceptacle ou œil très-enfoncé, quelquefois peu apparent. Au printemps, ce poirier, lorsqu'il est en espalier, se distingue de tous les autres par sa précocité à développer ses feuilles ; lorsqu'il est bien conduit, il forme toujours un beau tapis de verdure. Pour que ce poirier soit bien fructueux, il faut qu'il soit greffé sur cognassier et mis en espalier ; il faut le tailler long, et laisser, autant que possible, de jeunes rameaux dans toute leur longueur, c'est le seul moyen d'obtenir de beaux et bons fruits. Sur franc, il végète avec trop de force, et couvrirait facilement une étendue considérable d'espalier ; dans ce dernier cas, il est prudent de beaucoup l'allonger à la taille, c'est le seul moyen d'avoir du fruit.

En pyramide, ses rameaux ou branches sont toujours diffuses et pendantes, en sorte qu'il fait toujours un mauvais effet ; il serait propre à greffer sur un sujet franc fort élevé, puis le laisser en liberté, il donnerait une végétation à la manière des saules pleureurs, par conséquent des fruits en quantité ; on pourrait même lui faire faire le parasol au moyen de cerceaux adaptés pour cet effet. Cette belle poire mûrit depuis janvier et successivement jusqu'en juin.

### 40. Catillac.

Ce poirier est très-vigoureux ; il pousse de fort grands et longs rameaux jaunâtres, comme farineux dans leur jeunesse, et glabres ensuite ; les yeux sont très-élevés, très-gros ; ses feuilles sont duvetées, blanches dans leur jeunesse, plus vertes ensuite, larges, étoffées, planes ; les fleurs sont grandes, portées sur des pédoncules de moyenne longueur, velus, gros, solides ; le fruit est très-gros, quelquefois aplati à sa base, diminuant de grosseur vers la queue. Cet arbre qui fait très-bien en plein vent, est l'ornement d'un verger lorsqu'il est greffé sur franc ; il vient aussi fort bien en pyramide, mais il faut aussi qu'il soit sur franc, car, lorsqu'il est sur cognassier, il est exposé à être renversé par le vent, à cause de la charge de ses fruits ; en espalier, on peut l'avoir sur cognassier, où il donne des fruits étonnants pour la grosseur et souvent pour le coloris, lorsqu'il est vu par le soleil. Ce beau fruit fait de très-bonnes compotes, depuis le mois de novembre jusqu'en mai.

Pour donner une idée de la végétation et du volume que peut acquérir un poirier franc, je vais transcrire une note qui m'a été remise par un témoin très-recommandable et digne de foi.

En 1814, il a été arraché un poirier de Loguérin, sur le territoire de la commune de Bursart, lieu dit la grande pièce de la ferme des Riots, près Alençon, département de l'Orne ; ce poirier a fourni neuf cordes de bois de sciage, ancienne mesure, sans les branchages mis en fagots ; ceci peut paraître prodigieux et même exagéré, cependant c'est une réalité incontestable ; il est vrai qu'il faisait partie d'un verger au milieu d'une pièce de terre de deux cents arpents, et là il était éloigné des accidents causés par le voisinage des hommes et des animaux.

Il y en avait un autre de la même espèce, qui avait élevé ses branches verticalement jusqu'à la hauteur de plus de 20 mètres ; celui-là est resté sur pied ; il rapportait, année ordinaire, quatre pipes de fruits équivalant à seize tonneaux d'Orléans. Cette poire de Loguérin n'est cependant pas grosse, mais elle fournit beaucoup.

### 41. Belle-Angevine.

Ce poirier, assez vigoureux, a le bois d'un beau noir, luisant, yeux aplatis ; feuilles d'une consistance comme coriace, étoffées, larges, dentées, à bords relevés en gouttière ; ses fleurs sont assez grandes, portées sur des pédoncules de moyenne longueur ; fruit très-gros, pyramidal, renflé et bossu par le bas, diminuant un peu de grosseur vers le pédoncule ; il est luisant, très-coloré du côté du soleil ; ce fruit, quelquefois monstrueux, est bon à cuire et fait de très-belles compotes. L'arbre se plaît également sur cognassier ou sur franc ; il fait très-bien en espalier et en pyramide ; il fait aussi bien en plein vent, où il fructifie beaucoup ; ses fruits sont peu sujets à tomber, parce que le pédoncule est fortement soudé après l'arbre ; il mûrit depuis décembre jusqu'en avril.

### 42. Gillo-Gilles.

Ce poirier est très-fécond ; il pousse de fort gros rameaux rouges, très-droits et longs ; les yeux peu élevés, mais très-prononcés ; ses feuilles sont étoffées, comme velues dans leur jeunesse, dentées, relevées en gouttière ; lorsque l'hiver approche, ces feuilles deviennent tout à fait rouges avant de quitter l'arbre. Ce poirier se garnit peu de branches, il faut, pour cette raison, le tenir un peu court lors de la taille; ses fleurs sont assez grandes, portées sur des pédoncules courts; les fruits sont gros, ovales, bien faits, un peu gris et d'une belle couleur du côté du soleil; la peau est épaisse et un peu rugueuse; ils peuvent être mangés au couteau en décembre, mais ils sont meilleurs cuits en compote ou autrement. Quoique ce poirier se plaise sur cognassier, il serait mieux sur franc, car, lorsque l'arbre est chargé de fruit, le cognassier n'ayant pas assez de résistance, est souvent jeté de côté par le vent.

### 43. Louise-Bonne d'Avranches.

Cet arbre est d'une belle végétation, son bois est vert brun, les jeunes rameaux sont poudreux dans leur jeunesse; il est aisé d'en former de belles pyramides; ses feuilles ressemblent à celles du doyenné d'hiver, les unes sont finement dentelées, les autres sont unies par le bord. Ce poirier a les fleurs de moyenne grandeur, portées sur des pédoncules assez longs et recourbés vers la terre; le fruit est vert, piqueté de points bruns, se colorant du côté du soleil d'un rouge terne; il est bien pyriforme, allongé et mieux fait que le Saint-Germain; il jaunit en mûrissant et ne quitte pas l'arbre facilement; il mûrit du 15 septembre au 15 octobre, et peut se conserver jusqu'en novembre; ce fruit est très-fondant, d'une saveur des plus délicieuses. Ce poirier est d'une grande fertilité, est très-facile à diriger en espalier; il est très-docile, on peut lui faire prendre toutes sortes de formes sans qu'il paraisse être gêné dans sa végétation; les pepins de son fruit son bombés, raccourcis, de couleur brune un peu pâle, aplatis d'un côté parce qu'ils sont rangés deux à deux dans chaque loge. Un amateur ne peut guère se passer d'avoir une couple d'individus de cette espèce dans son jardin, à cause de la bonne qualité de son fruit et de sa grande fertilité.

### 44. Poirier de Cambronne.

Cet arbre est vigoureux; son bois est gros, blanchâtre, strié et contourné; les gemmes sont très-proéminents, accompagnés de quatre à six feuilles stipulaires; les feuilles sont grandes, épaisses, relevées en gouttière, les unes dentées et les autres unies en leur bord; fruits très-gros, de forme pyramidale et bossus, d'un vert très-pâle, suspendus par un pédoncule court d'une consistance très-solide, ombilic très-enfoncé; peau mince, lisse, chair cassante et fondante; mûrit du 15 septembre au 15 octobre. Ce poirier convient peu pour les pyramides, en raison de ce que ses jeunes rameaux sont trop tourmentés.

Je n'ai pas cru devoir décrire une infinité d'espèces ou variétés de poires, dont quelques-unes, assez insignifiantes, de peu de mérite, ne conviennent qu'à un véritable amateur qui veut absolument collectionner.

J'ai pensé qu'il suffisait d'une quarantaine des meilleures espèces pour bien meubler un jardin; parmi celles-ci, il en est dont un propriétaire doit naturellement planter beaucoup, telles sont les Saint-Germain, Bon-Chrétien d'hiver, Doyenné d'hiver, Doyenné gris, Crassanne, Colmar, Beurré divers, Duchesse d'Angoulême, qui sont des fruits de résistance, pouvant garnir une table pendant une grande partie de l'année; les autres, qui commencent leur maturité bien plus tôt, telles sont les Citrons des Carmes, l'Epargne, l'Ognonnet, le Milan blanc, etc., atteindront bientôt les Doyennés d'été ou Saint-Michel, le Sucré vert, et dont la suite se peut continuer jusqu'en juin. Ainsi, aujourd'hui, l'horticulture peut fournir des poires sur les tables pendant toute l'année; car, parmi celles que j'ai omises, il en est qui mûrissent de très-bonne heure, et d'autres qui mûrissent aussi fort tard, tels sont le Tarquin et la Bergamotte de Pâques, qui va, ainsi que le Doyenné d'hiver, jusqu'en juillet.



PARIS. — IMPRIMÉ PAR E. THUNOT ET Ce, RUE RACINE, 28.

www.ingramcontent.com/pod-product-compliance
Ingram Content Group UK Ltd.
Pitfield, Milton Keynes, MK11 3LW, UK
UKHW021014200726
13857UKWH00004B/1440